SERIES ENTOMOLOGICA

EDITOR

E. SCHIMITSCHEK

Göttingen

VOLUMEN I

Springer-Science+Business Media, B.V. 1966

REVISION DER INDO-AUSTRALISCHEN OPIINAE

(Hymenoptera, Braconidae)

von

MAX FISCHER
Wien

Springer-Science+Business Media, B.V. 1966

ISBN 978-94-017-5697-6 ISBN 978-94-017-6018-8 (eBook)
DOI 10.1007/978-94-017-6018-8

Ursprünglich erschienen bei Dr. W. Junk, Publishers, The Hague 1966.

Softcover reprint of the hardcover 1st edition 1966

VORWORT

Die Kenntnis der indo-australischen *Opiinae* erstreckte sich bisher auf verhältnismäßig wenige Arten, die zuletzt in zwei Arbeiten des Autors im wesentlichen zusammengefaßt wurden, nämlich in „Die *Opius*-Arten der orientalischen und australischen Region" und „Das Genus *Austroopius* SZÉPLIGETI" (siehe Literaturverzeichnis). Unter den bis dahin bekannt gewesenen Gattungen waren im behandelten Gebiet nur zwei nachgewiesen. Das Genus *Pectenopius* FI. soll aus dem Kreis der Betrachtung vorläufig ausgeschieden werden. Es handelt sich um ein Synonym zu *Yelicones* CAMERON, der aus der westlichen Hemisphäre beschrieben wurde. Die systematische Stellung dieser Gattung galt als unsicher. Sie wurde zuletzt bei den *Rogadinae* eingeordnet.

In der letzten Zeit wurde mir wieder Material aus der indo-australischen Region zugänglich. Dieses erlaubte eine wesentliche Erweiterung der Formenkenntnis dieses Gebietes. Es scheint daher angebracht, das Ergebnis der Bearbeitung dieser Ausbeuten bekannt zu machen. Insgesamt wurden 65 neue Arten und zwei neue Gattungen (*Orientopius* nov. gen. und *Indiopius* nov. gen.) festgestellt. *Orientopius* nov. gen. ist nächst verwandt mit *Coleopius* FI., während *Indiopius* nov. gen. der Gattung *Pokomandya* FI. am nächsten kommt. Außerdem wurden vier weitere Gattungen im indo-australischen Raum zum ersten Mal festgestellt. Es sind dies *Eurytenes* FÖRST., *Coleopius* FI., *Gnaptodon* HAL. und *Neopius* GAH. Man kennt jetzt 106 indo-australische Opiinen-Arten, von diesen entfallen 91 auf *Opius* WESM. (davon 54 neu), 5 auf *Austroopius* SZÉPL., 1 auf *Eurytenes* FÖRST. (neu), 3 auf *Coleopius* FI. (alle neu), 3 auf *Orientopius* nov. gen. (alle neu), 2 auf *Indiopius* nov. gen. (beide neu), 1 auf *Gnaptodon* HAL. (neu) und 1 auf *Neopius* GAH. (neu).

Um den Zusammenhang des Systems zu wahren und die taxonomische Stellung der neuen Gattungen und Arten zu fixieren, wurden Bestimmungstabellen für alle Gattungen der Erde und die Arten der indo-australischen Region ausgearbeitet. Die vorgeschlagene Einteilung der Artengruppen bei *Opius* WESM. s. str. stimmt mit jener überein, die für die nearktische Region vorgeschlagen wurde.

Die Beschreibungen der neuen Gattungen und Arten wurden nach ähnlichen Gesichtspunkten entworfen wie in früheren Arbeiten des Autors. Es wurden wieder die Körperproportionen in Form von relativen Größenverhältnissen festgehalten. Um die absoluten Längen in Millimetern zu erhalten, sind die relativen Größen mit 0,037 zu multiplizieren. Zur Bezeichnung des Flügelgeäders wurden folgende Abkürzungen verwendet: *R* = Radialzelle; *Cu1*, *Cu2*, *Cu3* = die drei Cubitalzellen; *D* = Discoidalzelle; B = Brachialzelle. *r1*, *r2*, *r3* = die drei Abschnitte des Radius *(r)*; *cuqu1*, *cuqu2* = 1. und 2. Cubitalquerader; *cu1*, *cu2*, *cu3* = die drei Abschnitte des Cubitus; *n.rec* = Nervus recurrens; *d* = Discoideus; *nv* = Nervulus; *n.par.* = Nervus parallelus.

Es ist mir eine angenehme Pflicht, an dieser Stelle all jenen Kollegen herzlichst zu danken, die durch Zusendung von Material meine Arbeit unterstützt haben; es sind dies vor allem Frau Dr. E. N. BAJÁRI † (Budapest) und die Herren Dr. CH. GRANGER (Paris), Dr. G. E. J. NIXON (London), Dr. J. PAPP (Veszprém), Dr. B. PETERSEN (Kopenhagen), Prof. R. D. SHENEFELT (Madison) und Dr. H. K. TOWNES (Ann Arbor).

ÜBERSICHT ÜBER DIE GATTUNGEN DER *OPIINAE*

1. Hinterhaupt oft fein, aber deutlich gerandet *(Ademonini)* 2
– Hinterhaupt wenigstens in der Mitte nicht gerandet *(Opiini)* 5
2. Mesonotum in den Schulterecken mit je einem dornartigen Fortsatz. Ostafrika, Kongo. (*Thoracoplites* FI.)
– Mesonotum unbewehrt 3
3. Umrahmung der Radialzelle stark verdickt, Metakarp vom Stigma durch eine ausgenagte Stelle abgetrennt. Costa Rica. (*Plesademon* FI.)
– Umrahmung der Radialzelle nicht verdickt, hinter dem Stigma keine ausgenagte Stelle 4
4. Zweite Hinterleibssutur sehr tief, seitlich beiderseits nach vorn geschwungen; das zweite Tergit nimmt ein Drittel der Hinterleibslänge ein. Paläarktische, nearktische, äthiopische Region. (*Ademon* HAL.)
– Zweite Sutur fein oder verwischt, mehr oder weniger gerade; zweites Tergit nicht besonders lang. Nearktische, neotropische, orientalische Region *Neopius* GAH.
5. Tergite (2 + 3) mit 1–2 bogenförmigen Querfurchen 6
– Tergite (2 + 3) ohne solche Furchen 7
6. *cuqu2* vorhanden. Paläarktische, nearktische, äthiopische und orientalische Region. *Gnaptodon* HAL.
– *cuqu2* fehlt. Nearktische, neotropische Region. (*Pseudognaptodon* FI.)
7. *cuqu1* fehlt 8
– *cuqu1* vorhanden 9
8. *n.rec.*, äußere und untere Begrenzung von *B* vorhanden. Europa. (*Pokomandya* FI.)
– *n.rec.*, äußere und untere Begrenzung von *B* fehlen. Orientalische Region *Indiopius* nov. gen.
9. Clypeus in der Mitte mit langem Horn. Mitteleuropa. (*Rhinoplus* FÖRST.)
– Clypeus in der Mitte ohne Horn 10

10. Gesicht mit zwei stumpfen Höckern unter den Fühlern. Ungarn, ČSSR. (*Cephaloplites* SZÉPL.)
– Gesicht ohne solche Höcker unter den Fühlern 11
11. Radius enorm verbreitert; Schläfen in der Mitte mit einer zahnartigen Querfalte. Usbekistan. (*Hoplocrotaphus* TEL.)
– Radius nicht besonders verdickt; Schläfen ohne Querfalte 12
12. Hinterhüften an der Innenseite mit einer Kante; Tarsenglieder 2–4 sehr kurz, die Pulvillen überragen die Klauen etwa um das Doppelte, Hypopygium beim ♀ tief ausgeschnitten. Japan. (*Nipponopius* FI.)
– Hinterhüften ohne solche Kante; Tarsenglieder 2–4 nicht besonders kurz, die Pulvillen überragen die Klauen nur wenig 13
13. Die Tergite 2–4 bilden eine einheitliche Schale, die höchstens drei Abschnitte erkennen läßt; die restlichen Tergite eingezogen. Orientalische und australische Region, Nord-Afrika. *Coleopius* FI.
– Die rückwärtigen Tergite nicht eingezogen 14
14. Die Tergite 2 + 3 vollkommen verschmolzen, dritte Sutur tief eingegraben. Orientalische und australische Region. *Orientopius* nov. gen.
– Zweites und drittes Tergit von normaler Bildung, dritte Sutur nicht besonders tief 15
15. *r* entspringt aus der äußersten Basis des Stigmas. Europa, Nord-Amerika, Philippinen. *Eurytenes* FÖRST.
– *r* entspringt hinter der Basis des Stigmas 16
16. *cuqu1* in der Mitte verdickt, vor dem Übergang in *cu* mit ausgeblaßter Stelle. Orientalische und australische Region, Madagaskar. *Austroopius* SZÉPL.
– *cuqu1* nicht verdickt, vor dem Übergang in *cu* ohne ausgeblaßte Stelle 17
17. Maxillartaster mit 4, Labialtaster mit 3 Gliedern. Neotropische Region. (*Apotheopius* FI.)
– Maxillartaster mit 6, Labialtaster mit 4 Gliedern. Alle Regionen. *Opius* WESM.

GENUS OPIUS WESMAEL

Übersicht über die Untergattungen:

1. *r2* länger als *cuqu1* — *Opius* WESM. s. str.
– *r2* so lang wie *cuqu1* oder kürzer 2
2. Mund geschlossen — *Biosteres* FÖRST.
– Mund offen — *Diachasma* FÖRST.

Subgenus *Opius* WESM. s. str.

Hierher ist die Hauptmasse der *Opiinae* aller Regionen der Erde zu stellen. Um eine einigermaßen brauchbare Übersicht zu gewinnen, ist es notwendig, Sektionen, und innerhalb der Sektionen, Artengruppen zu bilden. Die im folgenden für die indo-australische Region vorgeschlagene Einteilung stimmt weitgehend mit jener überein, die für die Arten der nearktischen Region verwendet wurde.

Übersicht über die Sektionen:

1. Rückengrübchen des Mesonotums vorhanden, wenn auch oft äußerst klein, manchmal auch mehr oder weniger stark verlängert 2
– Rückengrübchen des Mesonotums fehlt ganz 3
2. Sternauli krenuliert oder runzelig, manchmal nur äußerst feine Kerben vorhanden oder fein chagriniert — Sektion *A*
– Sternauli ganz glatt oder fehlend — Sektion *B*
3. Sternauli krenuliert oder runzelig, manchmal nur äußerst feine Kerben vorhanden oder fein chagriniert — Sektion *C*
– Sternauli ganz glatt oder fehlend — Sektion *D*

Sektion A

Übersicht über die Artengruppen:

1. Mund geschlossen — *mandibularis*-Gruppe
– Mund offen 2
2. Scutellum runzelig oder chagriniert, diese Skulptur kann äußerst fein sein — *rudis*-Gruppe
– Scutellum ganz glatt 3
3. Notauli vollständig und mit Haarpunkten besetzt, reichen bis zum Rückengrübchen und vereinigen sich hier — *comatus*-Gruppe

– Notauli auf der Scheibe erloschen, oder wenn doch angedeutet, dann ohne haartragende Punkte; wenn Härchen doch ausgebildet sind, dann keine Furchen vorhanden 4
4. Hintere Randfurche des Mesopleurums gekerbt oder stark punktiert *nitidulator*-Gruppe
– Hintere Randfurche des Mesopleurums einfach *truncatus*-Gruppe

mandibularis-Gruppe

Übersicht über die Arten:

1. Mandibeln an der Basis deutlich erweitert *matheranus* n. sp.
– Mandibeln an der Basis nicht erweitert 2
2. Körper schwarz *cinerariae* FI.
– Körper braun oder rötlich 3
3. Notauli vollständig, tief eingedrückt und krenuliert cf. *lepidus* GAH.
– Notauli auf der Scheibe fehlend *terraereginae* n. sp.

comatus-Gruppe

Übersicht über die Arten:

1. Thorax um die Hälfte länger als hoch 2
– Thorax um zwei Fünftel bis ein Viertel länger als hoch 4
2. Mesonotum mit einer langen, schmalen Längsfurche, welche gekerbt ist und bis an den Absturz reicht cf. *rugigaster* n. sp.
– Mesonotum ohne solche Furche, oft ein nur wenig verlängertes Rückengrübchen vorhanden 3
3. Vordere Randfurche des Mesopleurums scharf gekerbt cf. *palawanus* n. sp.
– Diese Furche einfach *illatus* n. sp.
4. *n.rec.* antefurkal *signatinotum* n. sp.
– *n.rec.* postfurkal 5
5. Zweites Tergit fein und dicht chagriniert *lepidus* GAH.
Zweites Tergit glatt *lumpurensis* n. sp.

nitidulator-Gruppe

einzige Art *maculipennis* END.

truncatus-Gruppe

Übersicht über die Arten:

1. Thorax um die Hälfte länger als hoch 2
– Thorax um ein Viertel bis zwei Fünftel länger als hoch 9

2. Mesonotum mit einer langen, schmalen Längsfurche, welche gekerbt ist und bis an den Absturz reicht *rugigaster* n. sp.
- Mesonotum ohne solche Furche, oft nur das Rückengrübchen etwas verlängert 3
3. Mesonotum zur Gänze kurz, aber gleichmäßig und dicht, hell behaart 4
- Mesonotum ganz oder größtenteils kahl........................ 5
4. Auch das Abdomen und die Thoraxseiten zur Gänze dicht und kurz behaart *pilosisoma* n. sp.
- Nur das Mesonotum so behaart *pilosidorsum* n. sp.
5. Vordere Mesopleuralfurche scharf gekerbt *palawanus* n. sp.
- Vordere Mesopleuralfurche einfach............................ 6
6. Körper ganz gelb *parvifactus* n. sp.
- Körper ganz oder größenteils dunkel.......................... 7
7. *n.rec.* antefurkal *cheesmani* n. sp.
- *n.rec.* postfurkal 8
8. Geißelglieder der apikalen Hälfte dreimal so lang wie breit, Rückengrübchen klein und punktförmig *nepalensis* n. sp.
- Geißelglieder der apikalen Hälfte zweimal so lang wie breit, Rückengrübchen tief und etwas verlängert *pseudonepalensis* n. sp.
9. Flügel gleichmäßig braun gefärbt............................ 10
- Flügel hyalin 13
10. Thorax schwarz *sauteri* FI.
- Thorax braun oder rötlich.................................. 11
11. Alle Tarsenglieder, die Klauenglieder ausgenommen, elfenbeinweiß *albimanus* SZÉPL.
- Alle Tarsen dunkel gefärbt.................................. 12
12. Abdomen hinter dem 1. Tergit ohne Skulptur *perkinsi* FULL.
- Zweites und drittes Tergit gleichmäßig, feinkörnig, lederartig runzelig, matt *signatitibia* n. sp.
13. *r2* doppelt so lang wie *cuqu1*................................ 14
- *r2* um ein Drittel bis um die Hälfte länger als *cuqu1*............. 18
14. Mesonotum mit einer glatten mittleren Längsfurche, die vom Rückengrübchen bis an den Vorderrand reicht *sulcinotum* n. sp.
- Mesonotum ohne solche Furche................................ 15
15. Zweites Tergit mit kräftigen Längsstreifen im medianen Teil, zweite Sutur etwas gekerbt *signatarius* n. sp.
- Zweites Tergit ganz glatt, zweite Sutur kaum sichtbar 16

16. Das ganze erste Tergit glatt, Körper ganz rotgelb *froggatti* FULL.
– Wenigstens der mediane Raum des ersten Tergites mehr oder weniger grob skulptiert; Oberseite des Abdomens, Seite des Thorax und das Propodeum dunkelbraun bis schwarz 17
17. Kopf und ein Teil des Thorax rot *infernalis* n. sp.
– Kopf ganz schwarz *sanguanus* n. sp.
18. Mesonotum zur Gänze gleichmäßig punktiert und behaart 19
– Mesonotum kahl oder nur vorn am Absturz haarpunktiert 20
19. Erstes Tergit um die Hälfte länger als hinten breit, mit zwei geraden, nach rückwärts konvergierenden Kielen, die bis an den Hinterrand reichen *arunus* n. sp.
– Erstes Tergit beinahe zweimal so lang wie hinten breit, mit einigen parallelen Längsstreifen *indianus* n. sp.
20. Abdomen hinter dem ersten Tergit, Scutellum, Mesonotum und Mesopleurum rot *bianchii* FULL.
– Abdomen und Thorax, eventuell mit Ausnahme des Prothorax, ganz schwarz 21
21. Kopf rot. Rückengrübchen verlängert 22
– Kopf schwarz, Rückengrübchen nicht verlängert 23
22. *r3* doppelt so lang wie *r2*, Kopf ganz rot *manii* FULL.
– *r3* ungefähr um die Hälfte länger als *r2*, Hinterhaupt und ein Teil der Oberseite des Kopfes schwarz *fulvifacies* n. sp.
23. Propodeum mit 4–5seitiger Areola, alle Geißelglieder bedeutend länger als breit, Rückengrübchen auf dem Mesonotum kaum sichtbar, Maxillartaster deutlich länger als die Kopfhöhe *longipalpalis* n. sp.
– Propodeum nur mit Querkiel, ohne Areola; die apikalen Geißelglieder nur unbedeutend länger als breit; Rückengrübchen deutlich, punktförmig ausgebildet; Maxillartaster nicht länger als die Kopfhöhe *similifactus* n. sp.

Sektion B

Übersicht über die Artengruppen:

1. Scutellum runzelig oder chagriniert *snoflaki*-Gruppe
– Scutellum glatt 2

2. Mund geschlossen 3
– Mund offen 4
3. Propodeum glatt oder höchstens an der Spitze oder den Rändern mit Unebenheiten. In der indo-australischen Region noch nicht festgestellt. *tersus-* (=*consors-*) Gruppe
– Propodeum runzelig *ochrogaster*-Gruppe
4. Propodeum glatt oder höchstens hinten uneben *fallax*-Gruppe
– Propodeum mit Skulptur 5
5. *n.rec.* interstitial oder antefurkal. In der indo-australischen Region bisher noch nicht festgestellt. *irregularis*-Gruppe
– *n.rec.* postfurkal *cingulatus*-Gruppe

snoflaki-Gruppe

Einzige Art *negrosanus* n. sp.

ochrogaster-Gruppe

Übersicht über die Arten:
1. Thorax um ein Drittel länger als hoch *baguioensis* n. sp.
– Thorax um die Hälfte länger als hoch *delhianus* n. sp.

fallax-Gruppe

1. Die Kiele des ersten Tergites vereinigen sich in der Mitte und bilden dann einen ziemlich stark vortretenden Mittelkiel cf. *negrosanus* n. sp.
– Die Kiele des ersten Tergites reichen nahe an den Hinterrand, sind aber überall weit voneinander getrennt *halconicus* n. sp.

cingulatus-Gruppe

Einzige Art *borneanus* FI.

Sektion C

Übersicht über die Artengruppen:
1. Mund geschlossen. In der indo-australischen Region bisher nicht nachgewiesen. *parvulus-* (=*apicalis-*) Gruppe
– Mund offen 2
2. Kopf wenigstens oben skulptiert oder chagriniert *coriaceus*-Gruppe
– Kopf oben ganz glatt 3
3. *n.rec.* antefurkal oder interstitial *coleogaster*-Gruppe
– *n.rec.* postfurkal 4

4. Abdomen hinter dem ersten Tergit mit Skulptur, wenigstens das zweite Tergit teilweise skulptiert, oft aber auch das dritte und vierte *flaviceps*-Gruppe
– Abdomen hinter dem ersten Tergit ganz ohne Skulptur *dimidiatus*-Gruppe

coriaceus-Gruppe

Einzige Art *caesus* HAL.

coleogaster-Gruppe

Übersicht über die Arten:

1. Propodeum runzelig 2
– Propodeum glatt oder nur mit gegabeltem Mittelkiel oder höchstens mit Runzelstreifen bzw. Querkiel 4
2. Zweites und drittes Tergit glatt *leveri* FULL.
– Zweites und drittes Tergit fein runzelig 3
3. Körper vorwiegend schwarz cf. *seminotaulicus* FI.
– Körper vorwiegend rotbraun *sabhayanus* n. sp.
4. *d* nicht dicker als die anderen Adern *walkeri* MUES.
– *d* etwas verdickt 5
5. Morphologisch vorläufig nicht unterscheidbar. Parasit von *Chaetodacus incisus* WALK. und *Dacus dorsalis* HEND. *incisi* SILV.
Anmerkung: In die Nähe dieser Art ist auch *Opius makii* SONAN zu stellen.
– Parasit von *Dacus cucurbitae* COQ. *fletcheri* SILV.

flaviceps-Gruppe

Übersicht über die Arten:

1. Propodeum glatt oder nur längs der Mitte mit einem Runzelstreifen 2
– Propodeum runzelig 3
2. *r3* dreimal so lang wie *r2*, Flügel etwas gebräunt *boharti* n. sp.
– *r3* nur zweimal so lang wie *r2*, Flügel hyalin *neopygmaeus* n. sp.
3. Kopf und Thorax ganz schwarz, Bohrer halb so lang wie das Abdomen 4
– Kopf oder Thorax oder beide mit roter Zeichnung, Bohrer kurz.... 5
4. Notauli reichen weit auf die Scheibe, aber nicht ganz bis an das Rückengrübchen *seminotaulicus* FI.
– Notauli nur an den Vorderecken als kleine, gekrümmte Grübchen ausgebildet *lantanae* BRIDW.

5. Alle Beine schwarz *papuensis* n. sp.
– Alle Beine hell 6
6. Thorax schwarz *contrahens* n. sp.
– Thorax ganz oder größtenteils braun oder rotbraun 7
7. Mesonotum mit drei schwarzen Flecken *javanus* SZÉPL.
– Mesonotum ohne schwarze Flecke *manilensis* FI.

dimidiatus-Gruppe

Übersicht über die Arten:

1. Mesonotum in den Schulterecken mit stark vortretenden Höckern *gribodoi* FI.
– Mesonotum in den Schulterecken ohne solche Höcker 2
2. Propodeum glatt, mit Querkiel hinter der Mitte *nanulus* n. sp.
– Propodeum runzelig 3
3. Propodeum mit 4–5seitiger Areola cf. *longipalpalis* n. sp.
– Propodeum ohne Areola 4
4. Kopf und Thorax schwarz, Bohrer halb so lang wie das Abdomen ... 5
– Kopf oder Thorax oder beide mit roter Zeichnung, Bohrer kurz. *tamurensis* n. sp.
5. Propodeum und erstes Tergit gleichmäßig, feinkörnig runzelig cf. *lantanae* BRIDW.
– Propodeum grob netzartig runzelig, erstes Tergit längsgestreift cf. *Neopius jacobsoni* n. sp.

Sektion D

Übersicht über die Artengruppen:

1. Mund geschlossen *pallipes*-Gruppe
– Mund offen 2
2. Propodeum glatt 3
– Propodeum mit Skulptur 4
3. Abdomen hinter dem ersten Tergit ganz glatt *pendulus*-Gruppe
– Abdomen hinter dem ersten Tergit mit Skulptur *turneri*-Gruppe
4. Abdomen hinter dem ersten Tergit ganz glatt *crassiceps*-Gruppe
– Abdomen hinter dem ersten Tergit mit Skulptur *diastatae*-Gruppe

pallipes-Gruppe

Übersicht über die Arten:

1. *r3* nach innen geschwungen, *R* reicht nicht an die Flügelspitze *raoi* n. sp.
– *r3* nach außen geschwungen, *R* reicht an die Flügelspitze *quercicola* n. sp.

pendulus-Gruppe

Übersicht über die Arten:

1. Cubitalader des Hinterflügels stark nach rückwärts geschwungen *acidoxanthicida* FULL.
– Cubitalader des Hinterflügels gerade 2
2. Mesonotum größtenteils dicht und fein haarpunktiert *barraudi* n. sp.
– Mesonotum kahl 3
3. *r3* nur um die Hälfte länger als *cu2* *soror* n. sp.
– *r3* doppelt so lang wie *cu2* oder länger 4
4. Drittes Fühlerglied 5–6mal so lang wie breit *volaticus* n. sp.
– Drittes Fühlerglied höchstens dreieinhalbmal so lang wie breit 5
5. Propodeum mit einem feinen, mittleren Längskiel 6
– Propodeum ohne Längskiel 7
6. Thorax um zwei Fünftel länger als hoch *canlaonicus* n. sp.
– Thorax um ein Drittel länger als hoch *dataensis* n. sp.
7. Erstes Tergit mit zwei Kielen, die bis an den Hinterrand reichen *neosoma* n. sp.
– Erstes Tergit mit Kielen, die vor der Mitte erlöschen 8
8. Körper größtenteils rotgelb *atricornis* FI.
– Körper größtenteils schwarz cf. *smarti* n. sp.

turneri-Gruppe

Übersicht über die Arten:

1. Thorax um die Hälfte länger als hoch *neosoma* n. sp.
– Thorax um zwei Fünftel bis ein Drittel länger als hoch 2
2. *r3* doppelt so lang wie *cu2* 3
– *r3* 2,4mal so lang wie *cu2* 4
3. *r2* um ein Drittel länger als *cuqu1*, Bohrer versteckt *travancorensis* n. sp.
– *r2* zweimal so lang wie *cuqu1*, Bohrer von ein Drittel Hinterleibslänge *australicola* n. sp.

4. Kopf ganz, Thorax fast ganz schwarz *smarti* n. sp.
– Kopf und Thorax ganz oder größtenteils rot........................5
5. Mesonotum schwarz, hintere Hälfte des Abdomens dunkel *phaseoli* FI.
– Mesonotum ganz rot, auch das Abdomen meist ganz rot *oleracei* FI.

crassiceps-Gruppe

Einzige Art cf. *lantanae* BRIDW.

diastatae-Gruppe

Übersicht über die Arten:

1. *r3* um die Hälfte länger als *cu2*, vorletztes Glied der Lippentaster halb so lang wie das vorhergehende oder nachfolgende *noonadanus* n. sp.
– *r3* wenigstens zweimal so lang wie *cu2*, die drei apikalen Glieder der Lippentaster an Länge nicht wesentlich verschieden................2
2. Körper ganz rot *penetrator* n. sp.
– Körper ganz schwarz *curticaudatus* n. sp.

Subgenus *Biosteres* FÖRST.

Übersicht über die Sektionen:

1. Sternauli krenuliert oder runzelig Sektion *A*
– Sternauli glatt oder fehlend Sektion *B*

Sektion A

Übersicht über die Arten:

1. *n.rec.* interstitial oder antefurkal................................2
– *n.rec.* postfurkal................................7
2. Zweites Tergit mit Skulptur................................3
– Zweites Tergit ohne Skulptur................................5
3. Körper ganz schwarz, zur Gänze dicht und lang, hell, zottig-seidig behaart *skinneri* FULL.
– Körper weniger dicht oder kaum behaart, mit rotbrauner Zeichnung..4
4. Abdomen ganz schwarz oder dunkelbraun gefärbt, Thorax ebenfalls ganz schwarz oder in der Regel Scutellum, Mesonotum, Mesopleurum und Prothorax rot *oophilus* FULL.
– Abdomen ganz oder hinter dem ersten Tergit rotbraun, selten ganz dunkel; die hellen Teile des Thorax braun oder gelblich *persulcatus* SILV.

5. Hintere Randfurche des Mesopleurums gekerbt....................6
– Hintere Randfurche des Mesopleurums einfach *marangensis* FI.
6. Clypeus vorn gerundet, Hinterleib ganz und die Hinterbeine rotgelb *deeralensis* FULL.
– Clypeus vorn in eine Spitze ausgezogen, Hinterleib hinter dem ersten Tergit größtenteils und die Hinterbeine braun *alcaticus* n. sp.
7. Zweites Tergit mit Skulptur..................................8
– Zweites Tergit ohne Skulptur.................................11
8. Hinterschenkel mit schwarzer Zeichnung.........................9
– Hinterschenkel ohne schwarze Zeichnung *longicaudatus* (ASHM.)
9. Praescutellarfurche vollkommen glatt, nur durch einen Kiel in der Mitte geteilt; Basis des Abdomens dunkel *angaleti* FULL.
– Praescutellarfurche in der Mitte geteilt, außerdem fein krenuliert; diese Krenulierung von rückwärts sichtbar; Basis des Abdomens hell......10
10. Thorax rot, Praescutellarfurche kürzer und mit weniger Leistchen *comperei* (VIER.)
– Thorax größtenteils dunkel, Praescutellarfurche länger und mit mehreren Längsleistchen *sibulanus* n. sp.
11. Hinterbeine von den Trochanteren angefangen ganz schwarz *tryoni* (CAM.)
– Hinterbeine größtenteils rötlich..............................12
12. Notauli auf der Scheibe erloschen, Mandibeln mit je einem kleinen Zähnchen an der Basis *basidentatus* n. sp.
– Notauli vollständig, vereinigen sich am Rückengrübchen; Mandibeln ohne Zähnchen an der Basis..............................13
13. Hinterleibsende schwarz *hageni* FULL.
– Hinterleibsende rot *kraussi* FULL.

Sektion B

Übersicht über die Arten:

1. Vorderrand des Clypeus in der Mitte spitz vorgezogen, Hinterleib schwarz *borneensis* FI.
– Vorderrand des Clypeus doppelt geschwungen, an drei Stellen nach vorn vorgezogen, Hinterleib rotbraun *kashmirensis* n. sp.

Subgenus *Diachasma* FÖRST.

Übersicht über die Arten:

1. *n.rec.* antefurkal	*victoriensis* FI.
– *n.rec.* postfurkal	*australis* n. sp.

Opius acidoxanthicida FULL.

Opius acidoxanthicidus FULLAWAY, Proc. ent. Soc. Wash. 51, 1919, p. 114, ♀♂.
Opius acidoxanthicida, FISCHER, Acta ent. Mus. Nat. Pragae 65, 1963, p. 222, ♀♂.

Opius albimanus SZÉPL.

Opius albimanus SZÉPLIGETI, Ann. Hist. Nat. Mus. Hung. 3, 1905, p. 54, ♂.
Opius albimanus, FISCHER, Acta ent. Mus. Nat. Pragae 65, 1963, p. 199, ♂

Opius alcaticus n. sp. (Abb. 1,2)

♂. – Kopf: Doppelt so breit wie lang, glänzend, fein und dicht punktiert und kurz, hell behaart, nur das Ocellarfeld ohne Punktur, Augen kaum vortretend, hinter den Augen kaum schmäler als zwischen den Augen, an den Schläfen nicht verengt, diese von zwei Drittel Augenlänge, Hinterhaupt schwach gebuchtet; Ocellen vortretend, der Abstand zwischen ihnen so groß wie ein Ocellusdurchmesser, der Abstand des äußeren Ocellus vom inneren Augenrand um ein Viertel größer als die Breite des Ocellarfeldes.

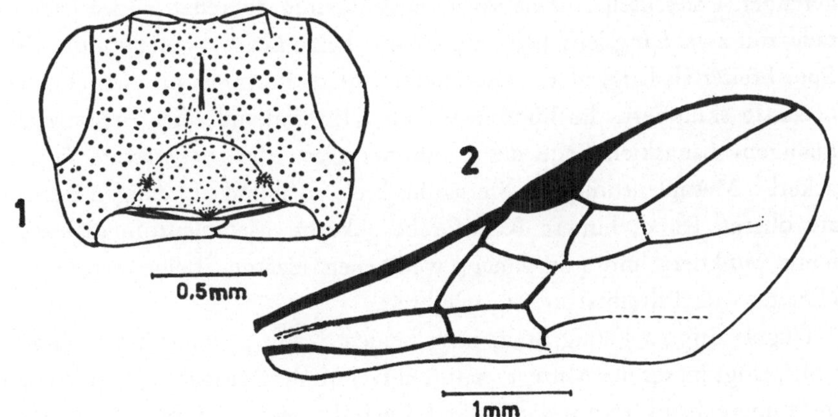

Abb. 1. *Opius alcaticus* n. sp. – Kopf von vorn.
Abb. 2. *Opius alcaticus* n. sp. – Vorderflügel.

Gesicht kaum breiter als hoch, gewölbt, dicht punktiert und fein behaart, glänzend, Mittelkiel schwach ausgebildet und ebenso punktiert wie der Rest des Gesichtes; Clypeus vom Gesicht kaum abgesetzt, glatt, mit stumpfem Mittelkiel, der eine Fortsetzung des Kieles auf dem Gesicht darstellt, nur mit einzelnen haartragenden Punkten, Vorderrand in der Mitte in eine Spitze ausgezogen; Paraclypealgrübchen voneinander um die Hälfte weiter entfernt als vom Augenrand. Schläfen ebenso punktiert wie das Gesicht. Wangen länger als die basale Mandibelbreite. Mund geschlossen, Mandibeln an der Basis nicht erweitert, Maxillartaster so lang wie die Kopfhöhe. Fühler fadenförmig, um die Hälfte länger als der Körper, 50-gliedrig; drittes Fühlerglied zweieinhalbmal so lang wie breit, die folgenden nur langsam kürzer werdend, das vorletzte doppelt so lang wie breit; die Geißelglieder eng aneinanderschließend, dicht behaart und deutlich gerieft.

Thorax: Um ein Drittel länger als hoch, um die Hälfte höher als der Kopf und wenig schmäler als dieser, von der Seite gesehen rechteckig erscheinend, Oberseite flach, mit der Unterseite parallel, im Bereich des Propodeums rückwärts steil abfallend. Mesonotum merklich breiter als lang, vor den Tegulae bis zu den Schulterecken geradlinig konvergierend, vorne gerundet, dicht und gleichmäßig, fein punktiert und kurz behaart; Notauli vollständig, tief eingeschnitten und gekerbt, Mittellappen stark abgesondert, Existenz des Rückengrübchens wegen der Nadelung nicht feststellbar, aber wahrscheinlich vorhanden, Seiten überall, aber nur fein gerandet. Praescutellarfurche vorne bogenförmig begrenzt, rückwärts gerade, mit zwei Längsleistchen, in der Mitte keine Leiste. Scutellum um eine Spur breiter als lang, glatt. Postscutellum glatt. Propodeum unregelmäßig netzartig skulptiert, die Lücken uneben, glänzend, mit nicht ganz regelmäßigem Längskiel. Seite des Prothorax glatt, die rückwärtige Furche gekerbt. Mesopleurum glatt, Sternaulus breit, oval und mit einigen Kerben am oberen Rand, hintere Randfurche gekerbt. Metapleurum glänzend, feinst punktiert und mit feinen, weißlichen Haaren. Beine gedrungen, Hinterschenkel dreimal so lang wie breit.

Flügel: Stigma mäßig breit, nach beiden Seiten gleichmäßig verjüngt, *r* entspringt hinter der Mitte, *r1* kaum kürzer als die Stigmabreite, im Bogen in *r2* übergehend, *r2* um die Hälfte kürzer als *cuqu1*, *r3* gerade, viermal so lang wie *r2*, *R* ziemlich schmal, reicht noch an die Flügelspitze, *n.rec.* antefurkal, *Cu2* nach außen nur schwach verengt, *d* um zwei Drittel länger als *n.rec.*, *nv* interstitial, *B* geschlossen, n.par. entspringt unter der Mitte von *B; n.rec.* im Hinterflügel vorhanden.

Abdomen: Erstes Tergit so lang wie hinten breit, Seiten nach vorne bis zur Mitte schwächer, dann stärker verjüngt, mit zwei kräftigen, vorne lamellenartig vortretenden, bis an den Hinterrand reichenden, parallelen Kielen, das ganze Tergit nicht ganz regelmäßig längsgestreift. Die restlichen Tergite glatt.

Färbung: Rötlichgelb. Geschwärzt sind: Fühler, Ocellarfeld, ein verschwommener Fleck auf der Stirn, drei Flecke auf dem Mesonotum, Mandibelspitzen und die Hinterleibstergite vom dritten angefangen. Die Endränder der Tergite vom dritten angefangen gelb. Hinterbeine mit Ausnahme von Hüften und Trochanteren dunkelbraun. Flügelnervatur braun. Flügel fast hyalin.

Absolute Körperlänge: 5,4 mm.

Relative Größenverhältnisse: Körperlänge = 145. Kopf. Breite = 40, Länge = 20, Höhe = 27, Augenlänge = 12, Augenhöhe = 17, Schläfenlänge = 8, Gesichtshöhe = 25, Gesichtsbreite = 26, Palpenlänge = 25, Fühlerlänge = 210. Thorax. Breite = 35, Länge = 55, Höhe = 40, Hinterschenkellänge = 27, Hinterschenkelbreite = 9. Flügel. Länge = 130, Breite = 60, Stigmalänge = 25, Stigmabreite = 6, *r1* = 5, *r2* = 10, *r3* = 40, *cuqu1* = 15, *cuqu2* = 8, *cu1* = 18, *cu2* = 19, *cu3* = 38, *n.rec.* = 12, *d* = 20. Abdomen. Länge = 70, Breite = 29; 1. Tergit Länge = 21, vordere Breite = 10, hintere Breite = 20.

Untersuchtes Material: Alcate Vict., Mdro. IV. 7. 54. Phil. H. M. & D. TOWNES, 1 ♂, Holotype, in der Sammlung TOWNES in Museum of Zoology in Ann Arbor, Mich., USA.

Anmerkung: Die Art ist dem *Opius deeralensis* FULL. nächstverwandt und unterscheidet sich durch folgende Merkmale: Clypeus vorne in der Mitte in eine Spitze ausgezogen, Hinterleib oben braun, nur das erste Tergit und die Endränder der Tergite vom dritten angefangen gelb oder rotbraun, Hinterbeine mit Ausnahme der Hüften und Trochanteren dunkelbraun.

Opius angaleti FULL.

Opius angaleti FULLAWAY, Proc. Hawaii ent. Soc. 14, 1952, p. 411, ♀♂.
Opius angaleti, FISCHER, Acta ent. Mus. Nat. Pragae 35, 1963, p. 226, ♀♂.

Opius arunus n. sp. (Abb. 3–6)

♂. – Kopf: Gut doppelt so breit wie lang, glänzend, ziemlich gleichmäßig und mäßig dicht mit kurzen Haaren besetzt, die Punktur fein, aber deutlich sichtbar, nur das Ocellarfeld glatt, Augen wenig vorstehend, hinter den Augen gerundet, Schläfen kaum halb so lang wie die Augen,

Hinterhaupt in der Mitte gebuchtet; Ocellen etwas vortretend, der Abstand zwischen ihnen so groß wie ein Ocellusdurchmesser, der Abstand des äußeren Ocellus vom inneren Augenrand so groß wie die Breite des Ocellarfeldes. Gesicht fast quadratisch, schwach gewölbt, dicht punktiert und fein behaart, schwach glänzend, fast matt, Augenränder in der unteren Hälfte nach unten schwach divergierend; Clypeus doppelt so breit wie hoch, halbkreisförmig, weit gegen die Gesichtsmitte vorgezogen, durch eine sehr feine Linie vom Gesicht getrennt, in gleicher Ebene wie das Gesicht liegend, vorne schwach eingezogen, glatt, glänzend, mit einzelnen längeren Borsten nahe dem Vorderrand, sonst nur mit äußerst feinen Härchen; Paraclypealgrübchen voneinander weniger als zweimal so weit entfernt wie vom Augenrand. Wangen so lang wie die basale Mandibelbreite.

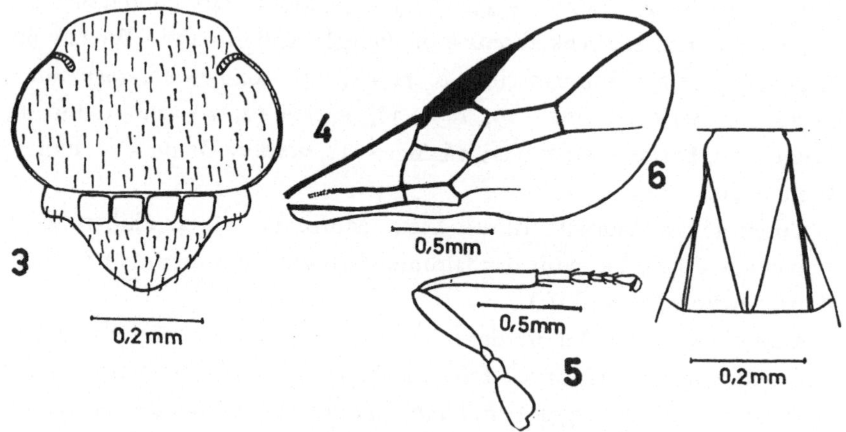

Abb. 3. *Opius arunus* n. sp. – Mesonotum und Scutellum.
Abb. 4. *Opius arunus* n. sp. – Vorderflügel.
Abb. 5. *Opius arunus* n. sp. – Hinterbein.
Abb. 6. *Opius arunus* n. sp. – Erstes Hinterleibstergit.

Mund offen, Mandibeln an der Basis nicht erweitert, Maxillartaster so lang wie die Kopfhöhe. Fühler fadenförmig, um ein Drittel länger als der Körper, 23gliedrig; drittes Fühlerglied dreimal so lang wie breit, die folgenden langsam kürzer werdend, das vorletzte um zwei Drittel länger als breit, die basalen Geißelglieder fast schmäler als die folgenden; die Geißelglieder voneinander nicht abgesetzt, deutlich gerieft und mäßig stark behaart.

Thorax: Um ein Drittel länger als hoch, so hoch wie der Kopf und gleich breit wie dieser, Oberseite gewölbt. Mesonotum um ein Drittel breiter als lang, vor den Tegulae gleichmäßig gerundet, gleichmäßig und dicht, fein punktiert und mit feinen Haaren besetzt, glänzend; Notauli nur vorne eingedrückt und mit einigen Kerben, auf der Scheibe fehlend, Rückengrübchen nicht sehr tief, aber deutlich verlängert, Seiten überall und stark gerandet, die Randfurchen deutlich gekerbt, gehen vorne in die Notauli über. Praescutellarfurche tief und mit drei starken Längsleistchen. Scutellum glänzend, mit einer Anzahl von feinen Haaren bestanden. Postscutellum ziemlich tief eingedrückt und mit mehreren Kerben. Propodeum mit zahlreichen Leistchen, die zahlreiche Zellen begrenzen, letztere glatt bis uneben; ein unregelmäßiger, gebogener Querkiel ist etwas deutlicher differenziert, davor ein deutlicher mittlerer Längskiel. Seite des Prothorax glatt, vordere Furche gekerbt. Mesopleurum glatt, Sternaulus lang und breit, mit zahlreichen Querrippchen, vordere Mesopleuralfurche eingedrückt und fast glatt, die Vorderecken mit Haaren besetzt, hintere Randfurche einfach. Metapleurum in der Mitte glänzend, gegen die Ränder etwas runzelig. Mesothorax unterhalb des Sternaulus haarpunktiert. Beine schlank, Hinterschenkel viermal so lang wie breit.

Flügel: Stigma keilförmig, *r* entspringt aus dem vorderen Drittel, *r1* etwas kürzer als die Stigmabreite, einen stumpfen Winkel mit *r2* bildend, *r2* um die Hälfte länger als *cuqu1*, *r3* nach außen geschwungen, fast doppelt so lang wie *r2*, *R* reicht reichlich an die Flügelspitze, *n.rec.* postfurkal, *Cu2* nach außen nur schwach verengt, fast parallelseitig, *d* um zwei Drittel länger als *n.rec.*, *nv* interstitial, *B* geschlossen, *n.par.* entspringt unter der Mitte von *B*; *n.rec.* im Hinterflügel fehlend.

Abdomen: Erstes Tergit um die Hälfte länger als hinten breit, nach vorne gleichmäßig und geradlinig verjüngt, mit zwei seitlichen, geraden, nach rückwärts konvergierenden Kielen, die bis an den Hinterrand reichen, das ganze Tergit glänzend, größtenteils ganz glatt. Der Rest des Abdomens ohne Skulptur.

Färbung: Schwarz. Gelb sind: Scapus, Pedicellus, Clypeus, Mundwerkzeuge mit Ausnahme der Mandibelspitzen, alle Beine, Tegulae und die Unterseite des Abdomens zum größten Teil. Flügelnervatur braun, Flügel hyalin.

Absolute Körperlänge: 1,8 mm.

Relative Größenverhältnisse: Körperlänge = 50. Kopf. Breite = 17,

Länge = 8, Höhe = 15, Augenlänge = 5,5, Augenhöhe = 10, Schläfenlänge = 2,5, Gesichtshöhe = 8, Gesichtsbreite = 9, Palpenlänge = 15, Fühlerlänge = 70. Thorax. Breite = 17, Länge = 21, Höhe = 16, Hinterschenkellänge = 13, Hinterschenkelbreite = 4. Flügel. Länge = 65, Breite = 30, Stigmalänge = 15, Stigmabreite = 4, *r1* = 3, *r2* = 10, *r3* = 19, *cuqu1* = 7, *cuqu2* = 4, *cu1* = 8, *cu2* = 15, *cu3* = 14, *n.rec.* = 5, *d* = 8. Abdomen. Länge = 21, Breite = 15; 1. Tergit Länge = 10, vordere Breite = 4, hintere Breite = 7.

♀. – Unbekannt.

Untersuchtes Material: Evergreen shrubs on sandy shore. 9.–17. XII. 1961. Arun Valley: below Tumlingtar, River Sabhaya, west shore, c 1800'. Brit. Mus. East Nepal Exp. 1961 – 62, B.M. 1962 – 177, 1 ♂, Holotype, im British Museum, Nat. Hist. in London.

Opius actricornis FI.

Opius atricornis FISCHER, Z. angew. Zool. 50, 1963, p. 195, ♀♂.

Opius australicola n. sp. (Abb. 7–11)

♀. – Kopf: Doppelt so breit wie lang, glatt, Augen ziemlich stark vorstehend, hinter den Augen stark verengt, Schläfen von ein Drittel Augenlänge, Hinterhaupt deutlich gebuchtet; Ocellen schwach vortretend, der Abstand zwischen ihnen so groß wie ein Ocellusdurchmesser, der Abstand des äußeren Ocellus vom inneren Augenrand so groß wie die Breite des Ocellarfeldes. Gesicht um ein Drittel breiter als hoch, glatt und glänzend, keine Punktur erkennbar, nur äußerst feine Härchen entwickelt, Mittelkiel nicht abgesetzt, Augenränder parallel; Clypeus sichelförmig, dreimal so breit wie hoch, merklich gewölbt, vorne eingezogen, glatt; Paraclypealgrübchen voneinander doppelt so weit entfernt wie vom Augenrand. Wangen so lang wie die basale Mandibelbreite. Mund offen, Mandibeln an der Basis nicht erweitert, Maxillartaster so lang wie die Kopfhöhe. Fühler fadenförmig, doppelt so lang wie der Körper, 27-29gliedrig; drittes Fühlerglied dreimal so lang wie breit, die folgenden nur sehr langsam kürzer werdend, das vorletzte Glied doppelt so lang wie breit; die Geißelglieder schwach voneinander abgesetzt, kurz und fein, deutlich behaart, schwach gerieft, von der Seite meist nur zwei Sensillen sichtbar.

Thorax: Um zwei Fünftel länger als hoch, kaum höher als der Kopf und etwas schmäler als dieser, Oberseite schwach gewölbt. Pronotum oben in der Mitte mit grübchenartiger Vertiefung. Mesonotum breiter als lang, vor den Tegulae gleichmäßig gerundet, glatt; Notauli vorne schwach eingedrückt und glatt, reichen nicht auf die Scheibe, ihr gedachter Verlauf durch je eine Reihe feiner Härchen angedeutet, Rückengrübchen fehlt, Seiten nur an den Tegulae gerandet. Praescutellarfurche flach und mit einigen Längsleistchen. Der Rest des Thorax glatt und glänzend, Propodeum bei einem Stück mit einem feinsten Mittelkiel; Sternaulus flach eingedrückt, aber glatt, alle übrigen Furchen einfach. Beine mäßig gedrungen, Hinterschenkel dreieinhalbmal so lang wie breit, die Behaarung der Hinterschenkel auf der Unterseite so lang wie dessen Breite.

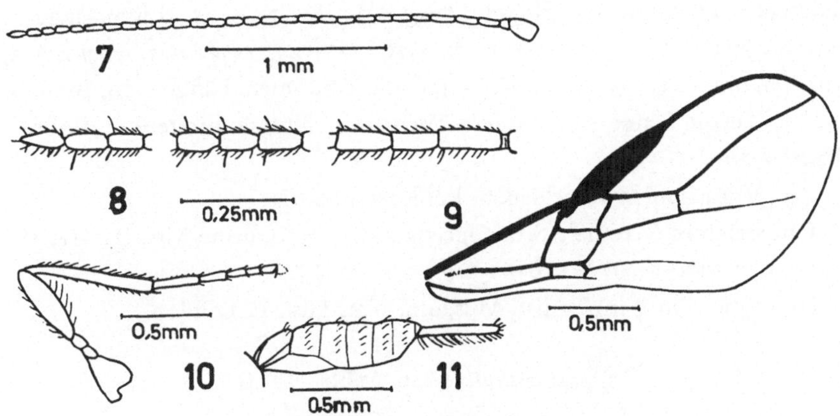

Abb. 7. *Opius australicola* n. sp. – Fühler.
Abb. 8. *Opius australicola* n. sp. – Basis, Mitte und Ende der Fühlergeißel, stark vergrößert.
Abb. 9. *Opius australicola* n. sp. – Vorderflügel.
Abb. 10. *Opius australicola* n. sp. – Hinterbein.
Abb. 11. *Opius australicola* n. sp. – Abdomen in Seitenansicht.

Flügel: Stigma keilförmig, *r* entspringt aus dem vorderen Drittel, *r1* von ein Drittel Stigmabreite, ohne Winkel in *r2* übergehend, *r2* doppelt so lang wie *cuqu1*, *r3* nach außen geschwungen, zweieinhalbmal so lang wie *r2*, *R* reicht reichlich an die Flügelspitze, *n.rec.* postfurkal, *Cu2* nach außen verengt, *d* nur wenig länger als *n.rec.*, *nv* weniger als um die eigene Länge postfurkal, *B* unvollständig geschlossen, *n.par.* entspringt aus der Mitte von *B*; *n.rec.* im Hinterflügel fehlend.

Abdomen: Erstes Tergit so lang wie hinten breit, nach vorne mäßig stark und gleichmäßig verjüngt, runzelig, matt, mit zwei Kielen im vorderen Drittel. Zweites und drittes Tergit mehr oder weniger chagriniert, oft nur an der Basis der Tergite äußerst fein. Der Rest des Abdomens glatt. Bohrer halb so lang wie das Abdomen.

Färbung: Rotbraun. Fühlergeißeln, Mandibelspitzen und Pulvillen dunkler. Bei einem Exemplar ist das Mesonotum gebräunt. Taster, Beine und Flügelnervatur gelb, Flügel äußerst schwach gebräunt.

Absolute Körperlänge: 1,8 mm.

Relative Größenverhältnisse: Körperlänge = 48. Kopf. Breite = 16, Länge = 8, Höhe = 11, Augenlänge = 6, Augenhöhe = 7, Schläfenlänge = 2, Gesichtshöhe = 6, Gesichtsbreite = 8, Palpenlänge = 12, Fühlerlänge = 85. Thorax. Breite = 12, Länge = 20, Höhe = 14, Hinterschenkellänge = 10, Hinterschenkelbreite = 3. Flügel. Länge = 60, Breite = 28, Stigmalänge = 19, Stigmabreite = 3,5, *r1* = 1, *r2* = 10, *r3* = 25, *cuqu1* = 5, *cuqu2* = 2, *cu1* = 6, *cu2* = 12, *cu3* = 19, *n.rec.* = 4, *d* = 5. Abdomen. Länge = 20, Breite = 13; 1. Tergit Länge = 6, vordere Breite = 4, hintere Breite = 6; Bohrerlänge = 10.

♂. – Vom ♀ nicht verschieden. Fühler 31gliedrig.

Untersuchtes Material: S.E. Queensland: Tambourine Mts., 11.–18. IV. 1935, R. E. TURNER, B.M. 1936 – 240, 2 ♀♀, 2 ♂♂.

Holotype: Ein ♀ im British Museum, Nat. Hist. in London.

Opius australis n. sp. (Abb. 12–14)

♂. – Kopf: Doppelt so breit wie lang, glatt, Augen etwas vorstehend, Augen und Schläfen fast in gemeinsamer Flucht gerundet, Schläfen halb so lang wie die Augen, Hinterhaupt schwach gebuchtet; Ocellen schwach vortretend, der Abstand zwischen ihnen größer als ein Ocellusdurchmesser, der Abstand des äußeren Ocellus vom inneren Augenrand um eine Spur größer als die Breite des Ocellarfeldes. Gesicht nur wenig breiter als hoch, fein und gleichmäßig lederartig runzelig, matt, mit schwachem Mittelkiel, mit einzelnen längeren, hellen, abstehenden Haaren; Augenränder parallel; Clypeus viermal so breit wie hoch, sichelförmig, gewölbt, durch einen tiefen Einschnitt vom Gesicht getrennt, vorne eingezogen, mit einzelnen, deutlich eingestochenen Haaren und einigen längeren Borsten; Paraclypealgrübchen voneinander zweimal so weit entfernt wie vom Augenrand. Wangen kürzer als die basale Mandibelbreite. Mund offen, Mandibeln an der Basis nicht erweitert, an der Unterseite ein bis an die Spitze durchgehender Rand, gegen die Basis verbreitert, Maxillartaster so lang wie die Kopfhöhe. Fühler borstenförmig, um drei Viertel länger als der Körper,

39gliedrig; drittes Fühlerglied dreimal so lang wie breit, die folgenden nur langsam kürzer werdend, das vorletzte doppelt so lang wie breit; die Geißelglieder sehr undeutlich voneinander abgesetzt, kurz und dicht behaart und dicht gerieft.

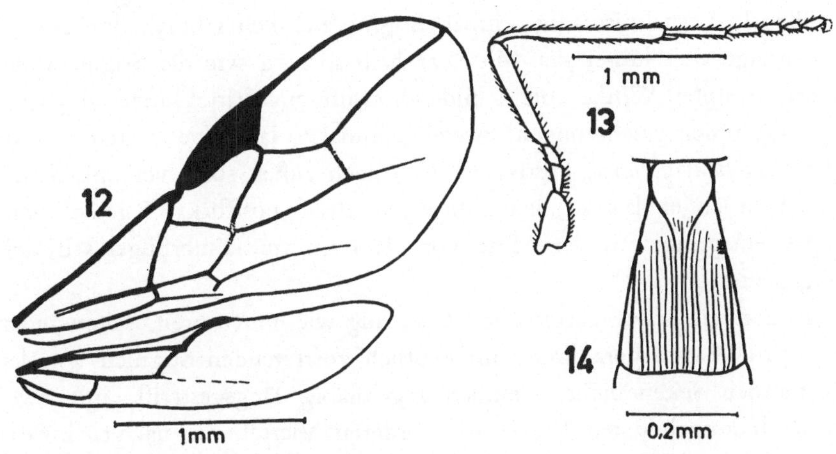

Abb. 12. *Opius australis* n. sp. – Vorder- und Hinterflügel.
Abb. 13. *Opius australis* n. sp. – Hinterbein.
Abb. 14. *Opius australis* n. sp. – Erstes Hinterleibstergit.

Thorax: Mehr als um die Hälfte länger als hoch, um ein Drittel höher als der Kopf und gleich breit wie dieser, Oberseite flach und mit der Unterseite parallel. Mesonotum nur wenig breiter als lang, vor den Tegulae gleichmäßig gerundet, glatt, vorne am Absturz mit feinen, zerstreuten, haartragenden Punkten; letztere werden oben auf dem Mittellappen immer schütterer; Notauli vorne tief eingedrückt, gekrümmt, glatt, reichen an den Vorderrand, nicht aber auf die Scheibe, ihr gedachter Verlauf durch je eine Reihe feiner Härchen angedeutet, Rückengrübchen flach eingedrückt und etwas verlängert, Seiten nur an den Tegulae deutlich gerandet. Praescutellarfurche bogenförmig gekrümmt, mit mehreren radiär angeordneten Leistchen, seitlich nicht abgekürzt, trennt die Axillae vom Scuttellum ab. Scutellum und Postscutellum glatt. Propodeum mit einem Mittelkiel, der sich hinter der Mitte gabelt, die Gabeläste gehen zu den Seitenrändern, letztere rückwärts bis zu den Gabelästen in Form von Kielen ausgebildet; die rückwärtigen Zellen irregulär runzelig, matt, die beiden oberen Felder größtenteils glänzend, nur unten runzelig. Seite des Prothorax glatt, vordere Furche gekerbt, hintere einfach. Mesopleurum glatt, glänzend, Sternaulus flach eingedrückt, glatt, die übrigen Furchen einfach. Metapleurum runzelig, matt, mit längeren hellen, abstehenden Haaren, Beine schlank, Hinterschenkel sechsmal so lang wie breit.

Flügel: Verhältnismäßig schmal. Stigma ziemlich schmal, dreieckig, *r* entspringt weit hinter der Mitte, *r1* halb so lang wie die Stigmabreite, einen stumpfen Winkel mit *r2* bildend, *r2* um ein Drittel kürzer als *cuqu1*, *r3* nach außen geschwungen, zweieinhalbmal so lang wie *r2*, *R* reicht an die Flügelspitze, *n.rec.* postfurkal, *Cu2* nach außen stark verengt, *d* nur eine Spur länger als *n.rec.*, *nv* um die eigene Breite postfurkal, *B* geschlossen, *n.par.* entspringt aus der Mitte von *B; n.rec.* im Hinterflügel schwach angedeutet.

Abdomen: Erstes Tergit doppelt so lang wie hinten breit, Seitenränder fast parallel und geradlinig, mit deutlich vortretenden Stigmen vor der Mitte der Seitenränder, ziemlich regelmäßig längsgestreift, mit zwei deutlich ausgebildeten Kielen im vorderen Viertel, die nach rückwärts stark konvergieren, vorne an den Seiten der Kiele mit tiefen Gruben. Der Rest des Abdomens ohne Skulptur.

Färbung: Schwarz. Braun sind: Scapus, Pedicellus, Clypeus, Mandibeln, alle Beine, Hinterleibsmitte und Flügelnervatur. Taster gelb. Hintertarsen und alle Klauenglieder dunkel. Mesonotum und Axillae rot. Flügel gleichmäßig braun getrübt.

Absolute Körperlänge: 2,5 mm.

Relative Größenverhältnisse: Körperlänge = 68. Kopf. Breite = 18, Länge = 9, Höhe = 13, Augenlänge = 6, Augenhöhe = 9, Schläfenlänge = 3, Gesichtshöhe = 8, Gesichtsbreite = 10, Palpenlänge = 14, Fühlerlänge = 120. Thorax. Breite = 18, Länge = 29, Höhe = 17, Hinterschenkellänge = 19, Hinterschenkelbreite = 3. Flügel. Länge = 85, Breite = 35, Stigmalänge = 17, Stigmabreite = 5, *r1* = 2, *r2* = 9, *r3* = 24, *cuqu1* = 13, *cuqu2* = 6, *cu1* = 9, *cu2* = 19, *cu3* = 19, *n.rec.* = 8, *d* = 9. Abdomen. Länge = 30, Breite = 15; 1. Tergit Länge = 12, vordere Breite = 4, hintere Breite = 6.

♀. – Unbekannt.

Untersuchtes Material: Australia, Victoria, Loch Valley, 9. IV. 1959, V. F. EASTOP, *Eucalyptus*-Forest, 1,500′ Yellow trays, B.M. 1960 – 144, 1 ♂, Holotype, im British Museum, Nat. Hist. in London.

Anmerkung: Die Art ist in das Subgenus *Diachasma* FÖRSTER zu stellen.

Sie ist von der einzigen bekannten Art des Gebietes, O. *victoriensis* Fi., durch zahlreiche Merkmale unterschieden, z.B.: Stigma dreieckig, *r* entspringt weit hinter der Mitte, *n.rec.* postfurkal, Gesicht fein runzelig, matt, nur wenig breiter als hoch, Mesonotum rot, Hinterleibsmitte braun.

Opius baguioensis n. sp. (Abb. 15,16)

♀. – Kopf: Doppelt so breit wie lang, glatt, Augen wenig vorstehend, hinter den Augen gerundet, Schläfen halb so lang wie die Augen, Hinterhaupt schwach gebuchtet; Ocellen klein, nicht vorstehend, der Abstand zwischen ihnen größer als ein Ocellusdurchmesser, der Abstand des äußeren Ocellus vom inneren Augenrand so groß wie die Breite des Ocellarfeldes.

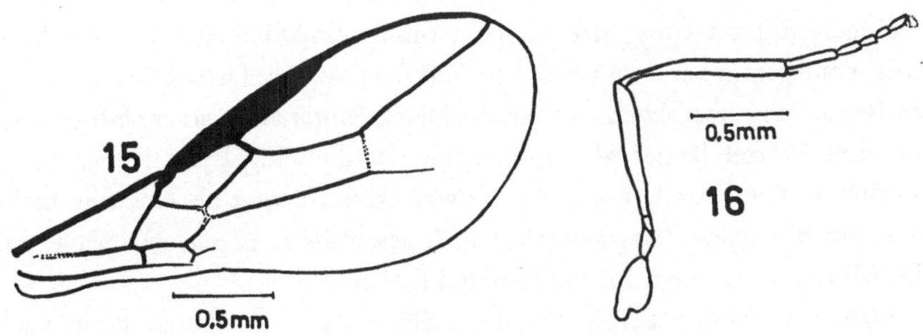

Abb. 15. *Opius baguioensis* n. sp. – Vorderflügel.
Abb. 16. *Opius baguioensis* n. sp. – Hinterbein.

Gesicht um ein Drittel breiter als hoch, ganz glatt, Mittelkiel fast nicht erkennbar, Behaarung äußerst fein; Clypeus halbkreisförmig, durch einen feinen Einschnitt vom Gesicht getrennt, vorne schwach gerundet, in gleicher Ebene wie das Gesicht liegend, ganz glatt; der Abstand der Paraclypealgrübchen voneinander um die Hälfte größer als ihr Abstand vom Augenrand. Wangen so lang wie die basale Mandibelbreite. Mund geschlossen, Mandibeln an der Basis deutlich erweitert, Länge der Maxillartaster nicht feststellbar. Fühler fadenförmig, um zwei Drittel länger als der Körper, 26gliedrig; drittes Fühlerglied viermal so lang wie breit, die folgenden allmählich kürzer werdend, das vorletzte doppelt so lang wie breit; die Geißelglieder schwach voneinander abgesetzt und undeutlich gerieft.

Thorax: Um ein Viertel länger als hoch, um zwei Drittel höher als der Kopf und wenig schmäler als dieser, Oberseite gewölbt. Mesonotum breiter als lang, vor den Tegulae gleichmäßig gerundet, ganz glatt, nur vorne am Absturz fein punktiert und kurz behaart; Notauli nur in den Vorderecken ausgebildet, hier schwach skulptiert, reichen auf die Scheibe, erlöschen aber hier, ihr gedachter Verlauf durch je eine Reihe feiner Härchen angedeutet, Rückengrübchen punktförmig, Seiten nur an den Tegulae deutlich gerandet. Praescutellarfurche fein krenuliert. Scutellum und Postscutellum glatt. Propodeum feinkörnig runzelig, matt. Seite des Prothorax glatt bis uneben. Mesopleurum glatt, Sternaulus fehlt, nur die hintere Randfurche fein gekerbt. Metapleurum ohne Skulptur, nur gegen die Ränder uneben. Beine schlank, Hinterschenkel sechsmal so lang wie breit.

Flügel: Stigma langgestreckt, geht distal allmählich in den Metakarp über, *r* entspringt aus dem vorderen Viertel, *r1* von ein Drittel Stigmabreite, im Bogen in *r2* übergehend, *r2* um die Hälfte länger als *cuqu1*, *r3* fast gerade, um drei Viertel länger als *r2*, *R* reicht an die Flügelspitze, *n.rec.* stark postfurkal, *Cu2* parallelseitig, *d* um zwei Drittel länger als *n.rec.*, *nv* nicht ganz um die eigene Länge postfurkal, *B* geschlossen, *n. par.* entspringt aus der Mitte von *B; n.rec.* im Hinterflügel fehlend.

Abdomen: Erstes Tergit um die Hälfte länger als hinten breit, nach vorne gleichmäßig verjüngt, mit zwei nach rückwärts konvergierenden Kielen in der vorderen Hälfte, das ganze Tergit längsrunzelig. Der Rest des Abdomens glatt. Bohrer kaum vorstehend.

Färbung: Schwarz. Gelb sind: Scapus, Pedicellus, Clypeus, Mundwerkzeuge, alle Beine, Tegulae und Flügelnervatur. Hinterschienenspitzen, Hintertarsen und die Hinterleibsmitte gebräunt. Flügelnervatur fast hyalin.

Absolute Körperlänge: 2,0 mm.

Relative Größenverhältnisse: Körperlänge = 53. Kopf. Breite = 15, Länge = 7, Höhe = 11, Augenlänge = 5, Augenhöhe = 7, Schläfenlänge = 2, Gesichtshöhe = 7, Gesichtsbreite = 9, Fühlerlänge = 85. Thorax. Breite = 13, Länge = 23, Höhe = 18, Hinterschenkellänge = 18, Hinterschenkelbreite = 2,5. Flügel. Länge = 72, Breite = 30, Stigmalänge = 25, Stigmabreite = 3, *r1* = 3, *r2* = 13, *r3* = 22, *cuqu1* = 9, *cuqu2* = 5, *cu1* = 6, *cu2* = 20, *cu3* = 17, *n.rec.* = 4, *d* = 7. Abdomen. Länge = 23, Breite = 14; 1. Tergit Länge = 8, vordere Breite = 3, hintere Breite = 5.

♂. – Unbekannt.

Untersuchtes Material: Mt. S. Tomas 7300', nr. Baguio, Phil. Apr. 3, 1953, H. M. & D. TOWNES, 1 ♀, Holotype, in der Sammlung TOWNES im Museum of Zoology in Ann Arbor, Mich., USA.

Opius barraudi n. sp. (Abb. 17)

♀. – Kopf: Doppelt so breit wie lang, glänzend, feinst punktiert und ziemlich dicht, fein behaart, nur das Ocellarfeld und dessen unmittelbare Umgebung kahl, die rückwärtigen Ocellen seitlich und rückwärts von je einem gekrümmten Eindruck begrenzt, Augen nicht vorstehend, hinter den Augen gerundet, Schläfen etwa halb so lang wie die Augen, Hinterhaupt schwach gebuchtet; Ocellen vortretend, der Abstand zwischen ihnen so groß wie ein Ocellusdurchmesser, der Abstand des äußeren Ocellus vom inneren Augenrand so groß wie die Breite des Ocellarfeldes. Gesicht um zwei Fünftel breiter als hoch, feinst chagriniert bis glänzend, fein behaart, Mittelkiel nur äußerst schwach angedeutet, fast fehlend, Augenränder parallel; Clypeus viermal so breit wie hoch, sichelförmig, gewölbt, durch einen deutlichen Einschnitt vom Gesicht getrennt, fein punktiert und be-

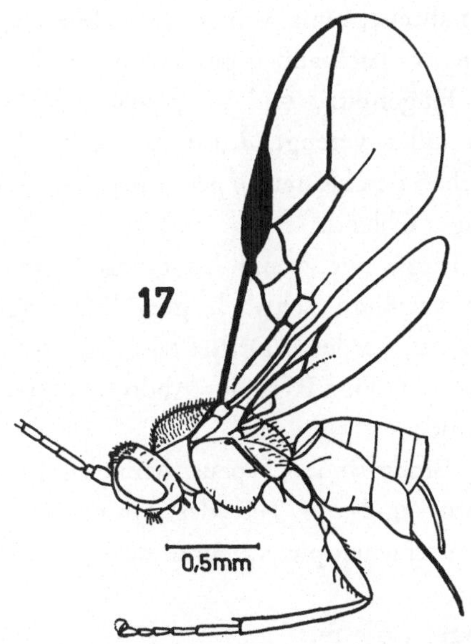

Abb. 17. *Opius barraudi* n. sp. – Körper in Seitenansicht.

haart; Paraclypealgrübchen voneinander zweieinhalbmal so weit entfernt wie vom Augenrand. Wangen so lang wie die basale Mandibelbreite. Mund offen, Mandibeln an der Basis nicht erweitert, Maxillartaster so lang wie die Kopfhöhe. Fühler an dem vorliegenden Exemplar beschädigt, 17 Glieder sichtbar; wahrscheinlich fadenförmig; drittes Fühlerglied viermal so lang wie breit, die folgenden langsam kürzer werdend, die Geißelglieder deutlich voneinander abgesetzt, kurz behaart und schwach gerieft, von der Seite bis zu drei Sensillen sichtbar.

Thorax: Um ein Drittel länger als hoch, um die Hälfte höher als der Kopf und nur wenig schmäler als dieser, Oberseite gewölbt. Mesonotum wenig breiter als lang, vor den Tegulae gleichmäßig gerundet, glänzend, die ganze Oberfläche feinst und dicht haarpunktiert, nur je eine Stelle auf den Seitenlappen kahl; Notauli vorne eingedrückt und kaum skulptiert, reichen auf die Scheibe, Rückengrübchen fehlt, Seiten überall fein gerandet, gehen vorne in die Notauli über. Praescutellarfurche fein krenuliert. Scutellum so wie das Mesonotum punktiert und behaart. Postscutellum glatt. Propodeum glatt, glänzend, nur seitlich mit feinen, haartragenden Punkten. Seite des Thorax glatt und glänzend, Sternaulus fehlt, alle Furchen einfach. Beine schlank, Hinterschenkel sechsmal so lang wie breit.

Flügel: Stigma keilförmig, *r* entspringt aus dem vorderen Drittel, *r1* von ein Viertel Stigmabreite, ohne Winkel in *r2* übergehend, *r2* um drei Viertel länger als *cuqu1*, *r3* nach außen geschwungen, doppelt so lang wie *r2*, *R* reicht an die Flügelspitze und ist verhältnismäßig schmal, *n.rec.* postfurkal, *Cu2* nach außen verengt, *d* um zwei Fünftel länger als *n.rec.*, *nv* schwach postfurkal, *B* geschlossen, *n.par.* entspringt aus der Mitte von *B*; *n.rec.* im Hinterflügel fehlend.

Abdomen: Erstes Tergit nur wenig länger als hinten breit, vor den Tegulae gleichmäßig verjüngt, schwach gewölbt, längsrunzelig, matt, die seitlichen Kiele nur im vorderen Drittel ausgebildet, die seitlichen Tuberkel schwach entwickelt. Der Rest des Abdomens glatt. Bohrer halb so lang wie das Abdomen.

Färbung: Schwarz. Braun sind: Clypeus, Mundwerkzeuge, alle Beine, Tegulae, Flügelnervatur und ein Teil der Unterseite des Abdomens. Mandibelspitzen, Hinterschienenspitzen, Hintertarsen und Pulvillen dunkel. Flügel hyalin.

Absolute Körperlänge: 1,9 mm.

Relative Größenverhältnisse: Körperlänge = 52. Kopf. Breite = 15,

Länge = 7, Höhe = 12, Augenlänge = 5, Augenhöhe = 8, Schläfenlänge = 2, Gesichtshöhe = 7, Gesichtsbreite = 10, Palpenlänge = 12. Thorax. Breite = 14, Länge = 23, Höhe = 17, Hinterschenkellänge = 15, Hinterschenkelbreite = 2,5. Flügel. Länge = 70, Breite = 33, Stigmalänge = 18, Stigmabreite = 4, *r1* = 1, *r2* = 12, *r3* = 26, *cuqu1* = 7, *cuqu2* = 4, *cu1* = 7, *cu2* = 15, *cu3* = 23, *n.rec.* = 5, *d* = 7. Abdomen. Länge = 22, Breite = 14; 1. Tergit Länge = 7, vordere Breite = 4, hintere Breite = 6; Bohrerlänge = 11.

♂. – Unbekannt.

Untersuchtes Material: W. Himalayas: Kasauli. 6000 ft', XII. 1923, Capt. P. J. BARRAUD, B.M. 1924 – 29, 1 ♀. Holotype, im British Museum, Nat. Hist. in London.

Opius basidentatus n. sp. (Abb. 18–20)

♂. – Kopf: Weniger als doppelt so breit wie lang, glatt, Augen nicht vorstehend, hinter den Augen ebenso breit wie zwischen den Augen, Schläfen schwach gerundet und so lang wie die Augen, Hinterhaupt nur schwach gebuchtet; Ocellen nicht vortretend, der Abstand zwischen ihnen so groß wie ein Ocellusdurchmesser, der Abstand des äußeren Ocellus vom inneren Augenrand um ein Drittel größer als die Breite des Ocellarfeldes. Gesicht um ein Viertel länger als hoch, glänzend, deutlich punktiert und mit langen, hellen Haaren, mit stumpfem Mittelkiel, der nicht punktiert ist, Augenränder parallel; Clypeus zweimal so breit wie lang, halbkreisförmig, in gleicher Ebene wie das Gesicht liegend, durch eine feine Linie vom Gesicht getrennt, vorne gerundet, glänzend, ebenso punktiert wie das Gesicht, nur vorne glatt; Paraclypealgrübchen voneinander zweimal so weit entfernt wie vom Augenrand. Wangen so lang wie die basale Mandibelbreite. Mund geschlossen, Mandibeln an der Basis mit einem kleinen Zähnchen, Maxillartaster so lang wie die Kopfhöhe. Fühler schwach borstenförmig, doppelt so lang wie der Körper, 36gliedrig; drittes Fühlerglied dreimal so lang wie breit, die folgenden nur langsam kürzer werdend, die der apikalen Hälfte werden ganz wenig schmäler, vorletztes Glied dreimal so lang wie breit; nur die Geißelglieder der apikalen Hälfte schwach voneinander abgesetzt, kaum gerieft und kurz behaart.

Thorax: Um die Hälfte länger als hoch, um ein Drittel höher als der Kopf und wenig schmäler als dieser, Oberseite nur schwach gewölbt. Mesonotum so breit wie lang, vor den Tegulae bis zu den Schulterecken gleichmäßig gerundet, vorne ziemlich gerade, glatt, nur vorne am Absturz fein punktiert und behaart; Notauli vorne tief eingedrückt und gekerbt, auf der Scheibe erloschen, Rückengrübchen tief und wenig verlängert, Seiten überall gerandet, die Randfurchen gehen vorne in die Notauli über. Praescutellarfurche tief und mit mehreren Längsleistchen.

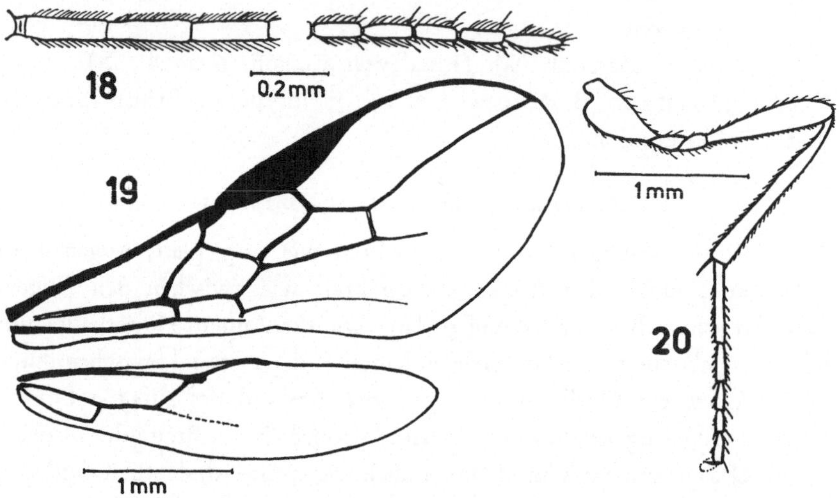

Abb. 18. *Opius basidentatus* n. sp. – Basis und Ende der Fühlergeißel.
Abb. 19. *Opius basidentatus* n. sp. – Vorder- und Hinterflügel.
Abb. 20. *Opius basidentatus* n. sp. – Hinterbein.

Scutellum glatt, schwach gewölbt. Postscutellum punktiert und mit gelblichen, anliegenden Haaren bedeckt, matt. Propodeum unregelmäßig zellig runzelig. Seite des Prothorax glatt, vordere Furche stark gekerbt. Mesopleurum glatt, Sternaulus schmal, stark gekerbt, reicht bis an den Vorderrand und vereinigt sich mit der vorderen Mesopleuralfurche; letztere nur unten spurenhaft gekerbt, sonst glatt, hintere Randfurche fein gekerbt. Metapleurum glatt, mit zahlreichen, hellen, abstehenden Haaren bestanden. Beine schlank, Hinterschenkel viermal so lang wie breit.

Flügel: Stigma mäßig breit, nach beiden Seiten ungefähr gleichmäßig verjüngt, *r* entspringt wenig vor der Mitte, *r1* so lang wie die Stigmabreite, einen stumpfen Winkel mit *r2* bildend, *r2* etwas kürzer als *cuqu1*, *r3* nach außen geschwungen, dreieinhalbmal so lang wie *r2*, *R* reicht reichlich an die Flügelspitze, *n.rec.* postfurkal, *Cu2* nach außen schwach verengt, *d.* um die Hälfte länger als *n.rec.*, *nv* schwach postfurkal, *B* geschlossen, *n.par.* entspringt unter der Mitte von *B*; *n.rec.* im Hinterflügel fehlend.

Abdomen: Erstes Tergit um zwei Drittel länger als hinten breit, nach vorne gleichmäßig und geradlinig verjüngt, mit zwei schwachen, geschwungenen Kielen, die bis an den Hinterrand reichen, der mediane Raum längsrunzelig, die lateralen Felder glänzend, die seitlichen Tuberkel schwach entwickelt. Der Rest des Abdomens ohne Skulptur.

Färbung: Schwarz. Gelb sind: Scapus, Pedicellus, Vorderrand des Clypeus, Mundwerkzeuge, alle Beine und die Tegulae. Flügelnervatur und die Basis der Unterseite des Abdomens braun. Spitzen aller Schenkel auf der Oberseite mit dunklem Fleck; Hinterschienen oben und an den Spitzen angedunkelt, Hintertarsen und die Spitzen aller Klauenglieder dunkel. Flügel schwach getrübt.

Absolute Körperlänge: 3,7 mm.

Relative Größenverhältnisse: Körperlänge = 99. Kopf. Breite = 26, Länge = 14, Höhe = 21, Augenlänge = 7, Augenhöhe = 11, Schläfenlänge = 7, Gesichtshöhe = 13, Gesichtsbreite = 16, Palpenlänge = 20, Fühlerlänge = 170. Thorax. Breite = 24, Länge = 40, Höhe = 28, Hinterschenkellänge = 24, Hinterschenkelbreite = 6. Flügel. Länge = 110, Breite = 50, Stigmalänge = 30, Stigmabreite = 6, *r1* = 6, *r2* = 10, *r3* = 37, *cuqu1* = 13, *cuqu2* = 6, *cu1* = 12, *cu2* = 20, *cu3* = 32, *n.rec.* = 8, *d* = 13. Abdomen. Länge = 45, Breite = 21; 1. Tergit Länge = 15, vordere Breite = 4, hintere Breite = 9.

♀. – Unbekannt.

Untersuchtes Material: Taplejung Distr., River banks below Tamrang Bridge. c 5500′ X-XI. 1961. Brit. Mus. East Nepal Exp. 1961 – 62, R. L. COE Coll. B.M. 1962 – 177, 1 ♂, Holotype, im British Museum, Nat. Hist. in London.

Anmerkung: Die Art ist dem *Opius hageni* FULL. und *O. kraussi* FULL. nächstverwandt. Sie unterscheidet sich von diesen z. B. durch das Fehlen der Notauli auf dem Mesonotum. Sie hat aber mit beiden Arten keinerlei Ähnlichkeit. Das Zänchen an der Basis der Mandibel ist ferner bemerkenswert.

Opius bianchii FULL.

Opius bianchii FULLAWAY, Proc. Hawaii ent. Soc. 14, 1951, p. 245, ♀.
Opius bianchii, FISCHER, Acta ent. Mus. Nat. Pragae 35, 1963, p. 200, ♀.

Opius boharti n. sp. (Abb. 21)

♂. – Kopf: Doppelt so breit wie lang, glatt, Augen etwas vorstehend, Augen und Schläfen in gemeinsamer Flucht gerundet, Schläfen halb so lang wie die Augen, Hinterhaupt gebuchtet; Ocellen wenig vortretend, der Abstand zwischen den Ocellen so groß wie ein Ocellusdurchmesser, der Abstand des äußeren Ocellus vom inneren Augenrand so groß wie die Breite des Ocellarfeldes. Gesicht nur unbedeutend breiter als hoch, glänzend, nur feinst punktiert und behaart, Mittelkiel kaum ausgebildet; Clypeus sichelförmig, durch einen feinen Einschnitt vom Gesicht getrennt, schwach gewölbt, glänzend, vorne schwach eingezogen. Wangen so lang wie die basale Mandibelbreite. Mund offen, Mandibeln an der Basis nicht erweitert, Maxillartaster merklich länger als die Kopfhöhe. Fühler fadenförmig, um ein Drittel länger als der Körper, 31gliedrig; drittes Fühlerglied dreimal so lang wie breit, die folgenden nur langsam kürzer werdend, das vorletzte doppelt so lang wie breit; die Geißelglieder deutlich voneinander abgesetzt und deutlich gerieft.

Thorax: Um zwei Fünftel länger als hoch, um die Hälfte höher als der

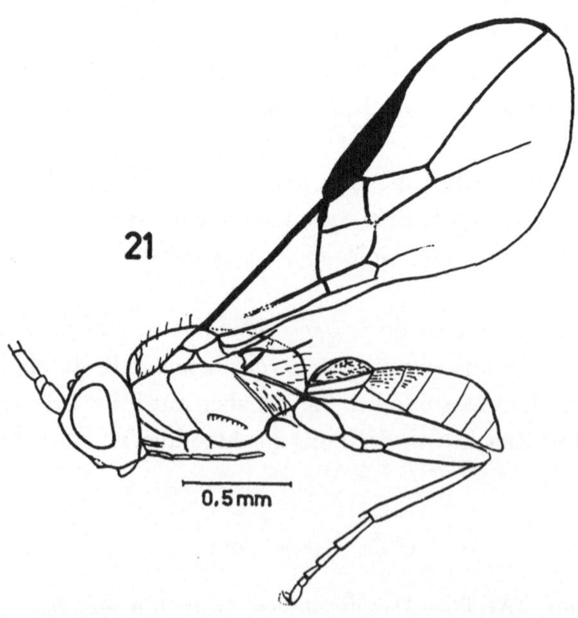

Abb. 21. *Opius boharti* n. sp. – Körper in Seitenansicht.

Kopf und wenig schmäler als dieser, Oberseite nur schwach gewölbt, ziemlich flach, mit der Unterseite fast parallel. Mesonotum um eine Spur breiter als lang, ganz glatt, vor den Tegulae gleichmäßig gerundet; Notauli fehlen fast vollständig, auch an den Vorderecken nur spurenhaft vorhanden, ihr gedachter Verlauf auf der Scheibe durch je eine Schar feiner Haare angedeutet, Rückengrübchen fehlt, Seiten nach vorne bis an die Schulterecken fein gerandet. Praescutellarfurche in der Tiefe krenuliert. Scutellum und Postscutellum glatt. Propodeum glatt, entlang der Mittellinie mit einer Schar kleiner Grübchen. Seite des Thorax glatt und glänzend, Sternaulus eingedrückt, aber glatt, alle übrigen Furchen einfach. Beine schlank, Hinterschenkel fünfmal so lang wie breit.

Flügel: Stigma keilförmig, *r* entspringt aus dem vorderen Drittel, *r1* halb so lang wie die Stigmabreite, mit *r2* eine gerade Linie bildend, *r2* wenig länger als *cuqu1*, *r3* nach außen geschwungen, dreimal so lang wie *r2*, *R* reicht reichlich an die Flügelspitze, *n.rec.* postfurkal, *Cu2* nach außen stark verengt, *d* um die Hälfte länger als *n.rec.*, *nv* interstitial, *B* geschlossen, *n.par.* entspringt aus der Mitte von *B; n.rec.* im Hinterflügel fehlend.

Abdomen: Erstes Tergit so lang wie hinten breit, nach vorne gleichmäßig verjüngt, runzelig, matt, mit zwei Kielen in der vorderen Hälfte. Zweites und drittes Tergit fein runzelig, letzteres rückwärts schwächer. Der Rest des Abdomens ohne Skulptur.

Färbung: Schwarz. Gelb sind: Palpen und alle Beine. Kopf rotbraun. Oberseite des dritten Fühlergliedes, Tegulae, Flügelnervatur und die Hinterleibsmitte braun. Flügel schwach gebräunt.

Absolute Körperlänge: 2,4 mm.

Relative Größenverhältnisse: Körperlänge = 65. Kopf. Breite = 18, Länge = 9, Höhe = 13, Augenlänge = 6, Augenhöhe = 9, Schläfenlänge = 3, Gesichtshöhe = 8, Gesichtsbreite = 9, Palpenlänge = 17, Fühlerlänge = 90. Thorax. Breite = 16, Länge = 26, Höhe = 17, Hinterschenkellänge = 15, Hinterschenkelbreite = 3. Flügel. Länge = 65, Breite = 27, Stigmalänge = 20, Stigmabreite = 4, *r1* = 2, *r2* = 8, *r3* = 25, *cuqu1* = 7, *cuqu2* = 3, *cu1* = 7, *cu2* = 11, *cu3* = 21, *n.rec.* = 5, *d* = 8. Abdomen. Länge = 30, Breite = 16; 1. Tergit Länge = 8, vordere Breite = 5, hintere Breite = 9.

♀. – Unbekannt.

Untersuchtes Material: Biaka J. 'Neth, New Guinea, IV-25-45, G. E. BOHART, 1 ♂, Holotype, in der Sammlung der California Academy of Science in San Francisco.

Anmerkung: Die Art unterscheidet sich von allen anderen der Sektion D u.a. durch die mediane Grübchenreihe auf dem Propodeum.

Opius borneanus FI.

Opius borneanus FISCHER, Ann. Mus. Civ. Stor. Nat. Genova 73, 1962, p. 83, ♀.

Opius borneensis FI.

Opius borneensis FISCHER, Ann. Mus. Civ. Stor. Nat. Genova 73, 1962, p. 85, ♀.

Opius caesus HAL.

Opius caesus HALIDAY, Ent. Mag. 4, 1837, p. 215, ♂.
Opius punctiventris THOMSON, Opusc. entom., 1895, p. 2189, ♀♂.
Opius caesus, FISCHER, Beitr. Ent. 8, 1958, p. 192, ♀♂.
Opius punctiventris, FISCHER, Beitr. Ent. 8, 1958, p. 200, ♀♂.
Neues Verbreitungsgebiet: Nepal.

Opius canlaonicus n. sp. (Abb. 22, 23)

♀. – Kopf: Doppelt so breit wie lang, glatt, Augen und Schläfen in gemeinsamer Flucht gerundet, Augen wenig vorstehend, Schläfen kaum halb so lang wie die Augen, Hinterhaupt fast gerade; Ocellen vortretend, der Abstand zwischen ihnen so groß wie ein Ocellusdurchmesser, der Abstand des äußeren Ocellus vom inneren Augenrand so groß wie die Breite des Ocellarfeldes. Gesicht um ein Viertel länger als hoch, glatt und glänzend, feinst behaart, die Punktur nicht erkennbar, Mittelkiel oben fein entwickelt, sonst fehlend; Clypeus durch einen deutlichen Eindruck vom Gesicht getrennt, rückwärts halbkreisförmig begrenzt, schwach gewölbt, glatt, vorne schwach eingezogen; Paraclypealgrübchen voneinander doppelt so weit entfernt wie vom Augenrand. Mund offen, Mandibeln

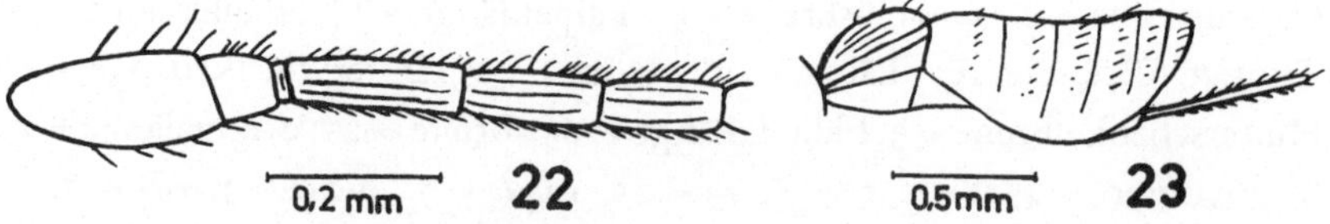

Abb. 22. *Opius canlaonicus* n. sp. – Fühlerbasis.
Abb. 23. *Opius canlaonicus* n. sp. – Abdomen in Seitenansicht.

an der Basis nicht erweitert, Maxillartaster so lang wie die Kopfhöhe. Fühler fadenförmig, um ein Drittel länger als der Körper, 28gliedrig; drittes Fühlerglied viermal so lang wie breit, die folgenden langsam kürzer werdend, das vorletzte doppelt so lang wie breit; die Geißelglieder deutlich voneinander abgesetzt, dicht behaart und gerieft.

Thorax: Um zwei Fünftel länger als hoch, um die Hälfte höher als der Kopf und etwa gleich breit wie dieser, Oberseite gewölbt. Mesonotum etwas breiter als lang, vor den Tegulae gleichmäßig gerundet, ganz glatt; Notauli vorne wenig tief eingedrückt, reichen fast auf die Scheibe, erlöschen aber hier, ihr gedachter Verlauf durch je eine Schar feiner Haare angedeutet, Rückengrübchen fehlt, Seiten nur an den Tegulae gerandet. Praescutellarfurche krenuliert. Scutellum und Postscutellum glatt. Propodeum mit einem feinen Längskiel, sonst glatt. Seite des Thorax glatt und glänzend, Sternaulus schwach eingedrückt und ganz glatt, alle Furchen einfach. Beine schlank, Hinterschenkel viereinhalbmal so lang wie breit.

Flügel: Stigma keilförmig, *r* entspringt aus dem vorderen Viertel, *r1* halb so lang wie die Stigmabreite, einen stumpfen Winkel mit *r2* bildend, *r2* doppelt so lang wie *cuqu1*, *r3* nach außen geschwungen, mehr als doppelt so lang wie *r2*, *R* reicht reichlich an die Flügelspitze, *n.rec.* stark postfurkal, *Cu2* nach außen merklich verengt, *d* um die Hälfte länger als *n.rec.*, *nv* schwach postfurkal, *B* geschlossen, *n.par.* entspringt aus der Mitte von *B*; *n.rec.* im Hinterflügel fehlend.

Abdomen: Erstes Tergit um ein Drittel länger als hinten breit, nach vorne gleichmäßig verjüngt, mit schwach entwickelten Tuberkeln in der Mitte der Seitenränder, mit zwei nach rückwärts konvergierenden Kielen in der vorderen Hälfte, das ganze Tergit längsrunzelig, matt. Zweites Tergit wenig länger als das dritte, die feine Naht, die es rückwärts begrenzt, leicht doppelt geschwungen. Abdomen hinter dem ersten Tergit ganz glatt. Bohrer von ein Drittel Hinterleibslänge.

Färbung: Schwarz. Gelb sind: Scapus, Basis des dritten Fühlergliedes, Mundwerkzeuge außer den Mandibelspitzen und alle Beine. Flügelnervatur braun, Flügel hyalin. Tegulae dunkelbraun. Hinterschienenspitzen, Hintertarsen und Pulvillen aller Beine gebräunt.

Absolute Körperlänge: 2,6 mm.

Relative Größenverhältnisse: Körperlänge = 71, Kopf. Breite = 20, Länge = 10, Höhe = 14, Augenlänge = 7, Augenhöhe = 10, Schläfenlänge = 3, Gesichtshöhe = 8, Gesichtsbreite = 10, Palpenlänge = 15, Fühlerlänge = 100. Thorax. Breite = 19, Länge = 30, Höhe = 21, Hinterschenkellänge = 18, Hinterschenkelbreite = 4. Flügel. Länge = 90, Breite = 45, Stigmalänge = 26, Stigmabreite = 4, *r1* = 2, *r2* = 15, *r3* = 36, *cuqu1* = 8, *cuqu2* = 4, *cu1* = 8, *cu2* = 18, *cu3* = 29, *n.rec.* = 10, *d* = 7. Abdomen. Länge = 31, Breite = 18; 1. Tergit Länge = 11, vordere Breite = 5, hintere Breite = 8; Bohrerlänge = 10.

♂. – Unbekannt.

Untersuchtes Material: Mt. Canalon, 7000′, Negros Or. Phil. May 5, 1958, H.M. & D. TOWNES, 1 ♀, Holotype, in der Sammlung TOWNES im Museum of Zoology in Ann Arbor, Mich., USA.

Opius cheesmanæ n. sp. (Abb. 24, 25)

♀. – Kopf: Etwas weniger als doppelt so breit wie lang, glatt, Augen vorstehend, Augen und Schläfen in gemeinsamer Flucht gerundet, Schläfen von zwei Drittel Augenlänge, Hinterhaupt merklich gebuchtet; Ocellen schwach vortretend, der Abstand zwischen ihnen so groß wie ein Ocellusdurchmesser, der Abstand des äußeren Ocellus vom inneren Augenrand so groß wie die Breite des Ocellarfeldes. Gesicht an der schmalsten Stelle sogar etwas schmäler als hoch, glänzend, fein, aber deutlich punktiert und fein behaart, der stumpfe Mittelkiel verbreitert sich nach unten und wird von zwei schwachen Längseindrücken begrenzt; Augenränder nach unten deutlich divergierend; Clypeus um die Hälfte breiter als hoch, schwach gewölbt, glänzend, von einem verwaschenen Eindruck vom Gesicht getrennt, vorne schwach eingezogen; Paraclypealgrübchen voneinander um die Hälfte weiter entfernt als vom Augenrand. Wangen so lang wie die basale Mandibelbreite. Mund offen, Mandibeln an der Basis nicht erweitert, Maxillartaster bedeutend länger als die Kopfhöhe, reichen an die Basis der Mittelhüften. Fühler fadenförmig, um die Hälfte länger als der Körper, 28gliedrig; drittes Fühlerglied fünfmal so lang wie breit, die folgenden allmählich kürzer werdend, das vorletzte Glied doppelt so lang wie breit; die Geißelglieder nicht voneinander abgesetzt, kurz behaart und kaum gerieft.

Thorax: Um die Hälfte länger als hoch, um die Hälfte höher als der Kopf und wenig schmäler als dieser, Oberseite nur schwach gewölbt, mit der Unterseite parallel. Prothorax oben in der Mitte nur mit einem ganz kleinen Grübchen, aber die hintere Randfurche des Pronotums ist gekerbt. Mesonotum so breit wie lang, vor den Tegulae bis zu den Schulterecken gleichmäßig, vorne stark gerundet, glatt, vorne am Absturz schwach punktiert und behaart; Notauli vorne eingedrückt und gekerbt, auf der Scheibe erloschen, ihr gedachter Verlauf durch je eine breite Schar feiner, heller

Haare angedeutet, Rückengrübchen tief, punktförmig, Seiten überall gerandet und in der Tiefe schwach gekerbt, gehen vorne in die Notauli über. Praescutellarfurche groß und mit drei Längsleistchen. Scutellum und Postscutellum glatt. Propodeum netzartig runzelig, matt. Seite des Prothorax und Mesopleurum glatt, Sternaulus reicht vom Vorderrand bis zur Mittelhüfte, ist mäßig breit und deutlich gekerbt, alle übrigen Furchen einfach. Metapleurum ähnlich wie das Propodeum gerunzelt. Beine schlank, Hinterschenkel viermal so lang wie breit.

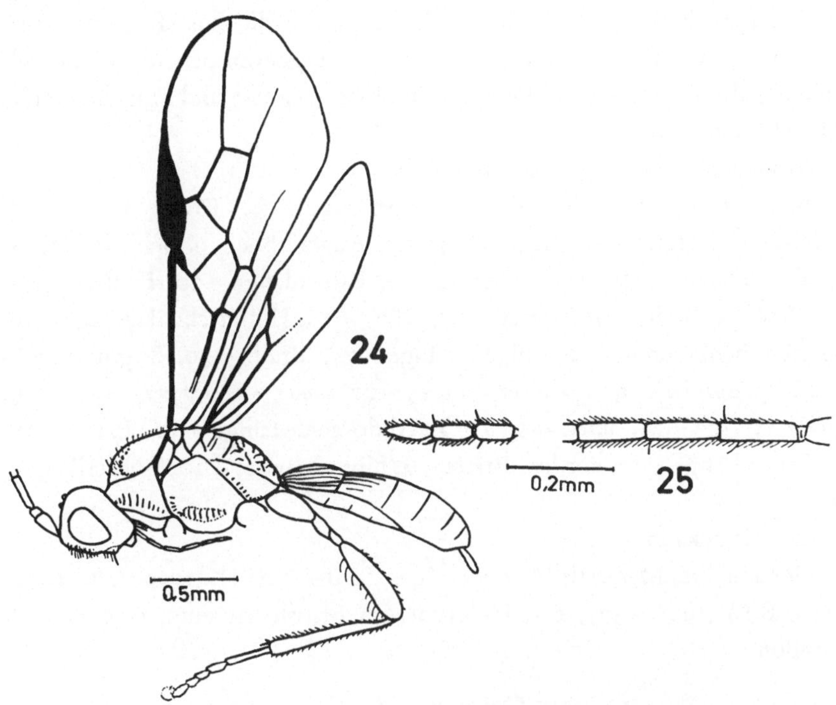

Abb. 24. *Opius cheesmanae* n. sp. – Körper in Seitenansicht.
Abb. 25. *Opius cheesmanae* n. sp. – Basis und Ende der Fühlergeißel.

Flügel: Stigma keilförmig, *r* entspringt vor der Mitte, *r1* halb so lang wie die Stigmabreite, einen stumpfen Winkel mit *r2* bildend, *r2* um ein Drittel länger als *cuqu1*, *r3* nach außen geschwungen, doppelt so lang wie *r2*, *R* reicht reichlich an die Flügelspitze, *n.rec.* antefurkal, *Cu2* nach außen schwach verengt, *d* fast doppelt so lang wie *n.rec.*, *nv* um die halbe eigene Länge postfurkal, *B* geschlossen, *n.par.* entspringt aus der Mitte von *B; n.rec.* im Hinterflügel fehlend.

Abdomen: Erstes Tergit um ein Drittel länger als hinten breit, nach vorne ziemlich gleichmäßig verjüngt, ziemlich stark und gleichmäßig gewölbt, regelmäßig längsgestreift, die Räume zwischen den Streifen uneben, glänzend, die seitlichen Kiele des vorderen Viertels verlieren sich in der Streifung. Zweites Tergit bis ans Ende regelmäßig längsgestreift, nur an den Rändern glatt. Der Rest des Abdomens ohne Skulptur. Bohrer kaum vorstehend.

Färbung: Pechbraun. Braun sind: Scapus, Pedicellus, Kopf mit Ausnahme des Ocellarfeldes, Mundwerkzeuge ausgenommen die Mandibelspitzen, alle Beine, nur die Pulvillen dunkler, Tegulae und Flügelnervatur. Flügel braun gefärbt.

Absolute Körperlänge: 2,6 mm.

Relative Größenverhältnisse: Körperlänge = 69. Kopf. Breite = 18, Länge = 10, Höhe = 12, Augenlänge = 6, Augenhöhe = 9, Schläfenlänge = 4, Gesichtshöhe = 10, Gesichtsbreite = 9, Palpenlänge = 20, Fühlerlänge = 95. Thorax. Breite = 16, Länge = 27, Höhe = 18, Hinterschenkellänge = 16, Hinterschenkelbreite = 4. Flügel. Länge = 74, Breite = 30, Stigmalänge = 17, Stigmabreite = 4, *r1* = 2, *r2* = 11, *r3* = 22, *cuqu1* = 18, *cuqu2* = 5, *cu1* = 9, *cu2* = 14, *cu3* = 21, *n.rec.* = 5, *d* = 9. Abdomen. Länge = 32, Breite = 17, 1. Tergit Länge = 13, vordere Breite = 4, hintere Breite = 10; Bohrerlänge = 3.

♂. – Unbekannt.

Untersuchtes Material: New Hebrides: Santo. VIII-IX. 1929, L. E. CHEESMAN. B.M. 1929 – 537, 1 ♀, Holotype, im British Museum, Nat. Hist. in London.

Opius cinerariae FI.

Opius cinerariae FISCHER, Z. angew. Zool. 50, 1963, p. 197, ♀♂.

Opius comperei (VIER.)

Diachasmimorpha comperei VIERECK, Proc. U.S. Nat. Mus. 44, 1913, p. 641, ♀.
Opius comperei, FISCHER, Acta ent. Mus. Nat. Pragae 35, 1963, p. 228, ♀♂.

Opius contrahens n. sp. (Abb. 26–29)

♂. – Kopf: Doppelt so breit wie lang, glatt, Augen kaum vorstehend, hinter den Augen gerundet, Schläfen halb so lang wie die Augen, Hinterhaupt schwach gebuchtet; Ocellen kaum vortretend, der Abstand zwischen ihnen eine Spur größer als ein Ocellusdurchmesser, der Abstand des äußeren Ocellus vom inneren Augenrand so groß wie die Breite des Ocellarfeldes. Gesicht so breit wie hoch, glatt und glänzend, nur fein behaart, aber keine Punktur erkennbar, Mittelkiel angedeutet; Clypeus zweieinhalbmal so breit wie hoch, nur durch eine undeutliche Linie vom Gesicht getrennt, vorne schwach eingezogen, schwach gewölbt, ganz glatt und glänzend; Paraclypealgrübchen voneinander zweimal so weit entfernt wie vom Augenrand. Wangen so lang wie die basale Mandibelbreite. Mund offen, Mandibeln an der Basis nicht erweitert, nur gegen die Basis verbreitert, Maxillartaster länger als die Kopfhöhe. Fühler fadenförmig, um ein Drittel länger als der Körper, 28gliedrig; drittes Fühlerglied dreimal so lang wie breit, die folgenden langsam kürzer werdend, das vorletzte doppelt so lang wie breit; die Geißelglieder schwach voneinander abgesetzt, kurz behaart und deutlich gerieft.

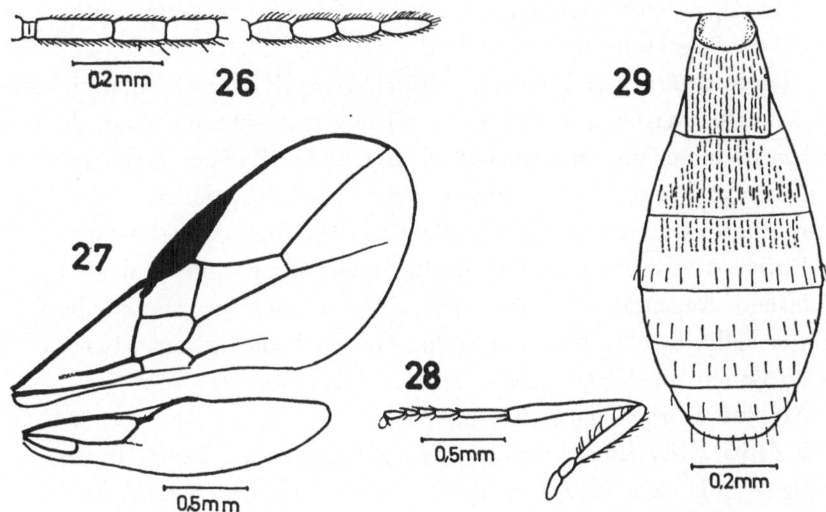

Abb. 26. *Opius contrahens* n. sp. – Basis und Ende der Fühlergeißel.
Abb. 27. *Opius contrahens* n. sp. – Vorder- und Hinterflügel.
Abb. 28. *Opius contrahens* n. sp. – Hinterbein.
Abb. 29. *Opius contrahens* n. sp. – Abdomen von oben.

Thorax: Um die Hälfte länger als hoch, um ein Drittel höher als der Kopf und wenig schmäler als dieser, Oberseite ziemlich flach. Pronotum oben in der Mitte mit einem grübchenförmigen Eindruck. Mesonotum bedeutend breiter als lang, vor den Tegulae gleichmäßig gerundet, glatt; Notauli vorne eingedrückt und kaum skulptiert, auf der Scheibe erloschen, ihr gedachter Verlauf durch je eine Reihe feiner Härchen angedeutet, Rückengrübchen fehlt, Seiten nur an den Tegulae gerandet. Praescutellarfurche seitlich nicht abgekürzt und eng krenuliert. Scutellum glatt. Postscutellum fein runzelig, matt. Propodeum fein runzelig, matt. Seite des Thorax glatt und glänzend, Sternaulus deutlich eingedrückt, reicht weder an den Vorder- noch an den Hinterrand, in der Tiefe deutlich gekerbt, alle übrigen Furchen einfach; Metapleurum mit einzelnen längeren Haaren. Beine schlank, Hinterschenkel fünfmal so lang wie breit.

Flügel: Stigma keilförmig, *r* entspringt aus dem vorderen Drittel, *r1* wenig kürzer als die Stigmabreite, eine gerade Linie mit *r2* bildend, *r2* um die Hälfte länger als *cuqu1*, *r3* nach außen geschwungen, doppelt so lang wie *r2*, *R* reicht reichlich an die Flügelspitze, *n.rec.* stark postfurkal, *Cu2* nach außen stark verengt, *d* um drei Viertel länger als *n.rec.*, *nv* schwach postfurkal, *B* geschlossen, *n.par.* entspringt fast aus der Mitte von *B; n.rec.* im Hinterflügel schwach angedeutet.

Abdomen: Erstes Tergit um ein Drittel länger als hinten breit, nach vorne gleichmäßig verjüngt, ziemlich gleichmäßig längsrunzelig, matt, die seitlichen Kiele nur im vorderen Drittel ausgebildet. Zweites Tergit größtenteils fein und unterbrochen längsgestreift. Basalhälfte des dritten Tergites fein, längsorientiert runzelig. Der Rest des Abdomens ohne Skulptur.

Färbung: Schwarz. Gelb bis rötlichgelb sind: Scapus, Pedicellus, Gesicht, Schläfen, Augenränder, alle Beine, Tegulae und die Hinterleibsmitte. Taster hellgelb. Flügelnervatur braun. Hinterschienenspitzen, Hintertarsen teilweise und alle Klauenglieder dunkler. Flügel hyalin.

Absolute Körperlänge: 2,4 mm.

Relative Größenverhältnisse: Körperlänge = 64. Kopf. Breite = 17, Länge = 8, Höhe = 12, Augenlänge = 5,5, Augenhöhe = 8, Schläfenlänge = 2,5, Gesichtshöhe = 8, Gesichtsbreite = 9, Palpenlänge = 15, Fühlerlänge = 90. Thorax. Breite = 15, Länge = 26, Höhe = 17, Hinterschenkellänge = 15, Hinterschenkelbreite = 3. Flügel. Länge = 80, Breite = 38, Stigmalänge = 19, Stigmabreite = 3, *r1* = 2, *r2* = 14, *r3* = 27, *cuqu1* = 9, *cuqu2* = 3, *cu1* = 9, *cu2* = 18, *cu3* = 21, *n.rec.* = 5, *d* = 9. Abdomen. Länge = 30, Breite = 13; 1. Tergit Länge = 8, vordere Breite = 3, hintere Breite = 6.

♀. – Unbekannt.

Untersuchtes Material: Mixed plants by damp cliff in deep river gorge. c. 5200', I.-II. 1962. Taplejung Distr., between Sangu and Tamrang. Brit. Mus. East Nepal Exp. 1961 – 62, R. L. COE Coll., B.M. 1962 – 177, 1 ♂, Holotype, im British Museum, Nat. Hist. in London.

Opius curticaudatus n. sp.

♀. – Kopf: Fast doppelt so breit wie lang, glatt, Augen vorstehend, Augen und Schläfen in gemeinsamer Flucht gerundet, Schläfen etwas weniger als halb so lang wie die Augen, Hinterhaupt nur schwach gebuchtet; Ocellen nicht vortretend, der Abstand zwischen ihnen größer als ein Ocellusdurchmesser, der Abstand des äußeren Ocellus vom inneren Augenrand um ein Viertel größer als die Breite des Ocellarfeldes. Gesicht nur wenig breiter als hoch, glatt und glänzend, die Punkte kaum erkennbar, fein und hell behaart, mit feinem Mittelkiel, Augenränder parallel; Clypeus doppelt so breit wie hoch, durch eine feine Linie vom Gesicht getrennt, nur schwach gewölbt, fast in gleicher Ebene wie das Gesicht liegend, halbkreisförmig; Paraclypealgrübchen nicht ganz zweimal so weit voneinander entfernt wie vom Augenrand. Wangen so lang wie die basale Mandibelbreite. Mund offen, Mandibeln an der Basis nicht erweitert, Maxillartaster so lang wie die Kopfhöhe. Fühler fadenförmig, um die Hälfte länger als der Körper, 22-24gliedrig; drittes Fühlerglied viermal so lang wie breit, die folgenden nur langsam kürzer werdend, das vorletzte Glied zweieinhalbmal so lang wie breit; die Geißelglieder deutlich voneinander abgesetzt, anliegend behaart, keine Riefung erkennbar.

Thorax: Nicht ganz um die Hälfte länger als hoch, um ein Drittel höher als der Kopf und ebenso breit wie dieser, Oberseite nur schwach gewölbt. Mesonotum breiter als lang, vor den Tegulae gleichmäßig gerundet, glatt; Notauli vorne strichförmig ausgebildet, auf der Scheibe fehlend, ihr gedachter Verlauf durch je eine Reihe feiner Härchen angedeutet, Rückengrübchen fehlt, Seiten überall gerandet, die Randfurchen gehen vorne in die Notauli über. Praescutellarfurche fein gekerbt. Scutellum und Postscutellum glatt. Propodeum vorne recht fein runzelig, der rückwärtige, abschüssige Teil größtenteils glänzend. Seite des Thorax glatt, Sternaulus strichförmig eingedrückt, aber glatt, alle übrigen Furchen einfach. Beine schlank, Hinterschenkel fünfmal so lang wie breit; Hinterschenkel mit einzelnen längeren, abstehenden Haaren, die Haare an der Unterseite so lang wie die Breite des Hinterschenkels.

Flügel: Stigma keilförmig, *r* entspringt aus dem vorderen Drittel, *r1* von halber Stigmabreite, ohne Winkel in *r2* übergehend, *r2* um zwei Drittel länger als *cuqu1*, *r3* nach außen geschwungen, zweieinhalbmal so lang wie *r2*, *R* reicht reichlich an die Flügelspitze, *n.rec.* postfurkal, *Cu2* nach außen verengt, *d* so lang wie *n.rec.*, *nv* schwach postfurkal, *B* geschlossen, *n.par.* entspringt aus der Mitte von *B; n.rec.* im Hinterflügel fehlend.

Abdomen: Erstes Tergit um ein Viertel länger als hinten breit, nach vorne gleichmäßig verjüngt, gewölbt, mit zwei nach rückwärts konvergierenden, deutlichen Kielen in der vorderen Hälfte, das ganze Tergit fein runzelig, der ausgehöhlte Raum zwischen den Kielen glänzend. Zweites und drittes Tergit an der Basis feinst chagriniert. Der Rest des Abdomens glatt. Bohrer kaum vorstehend.

Färbung: Schwarz. Gelb sind: Scapus, Pecidellus, Clypeus, Mundwerkzeuge, alle Beine und die Flügelnervatur. Mandibelspitzen, Tegulae, Hinterschienenspitzen und Hintertarsen dunkler. Hinterleibsmitte mehr oder weniger gebräunt. Flügel hyalin.

Absolute Körperlänge: 1,7 mm.

Relative Größenverhältnisse: Körperlänge = 45. Kopf. Breite = 12, Länge = 7, Höhe = 9, Augenlänge = 5, Augenhöhe = 6, Schläfenlänge = 2, Gesichtshöhe = 6, Gesichtsbreite = 7, Palpenlänge = 10, Fühlerlänge = 70. Thorax. Breite = 12, Länge = 19, Höhe = 13, Hinterschenkellänge = 10, Hinterschenkelbreite = 2. Flügel. Länge = 65, Breite = 30, Stigmalänge = 16, Stigmabreite = 3, *r1* = 1,5, *r2* = 10, *r3* = 26, *cuqu1* = 6, *cuqu2* = 3, *cu1* = 5, *cu2* = 11, *cu3* = 21, *n.rec.* = 5, *d* = 5. Abdomen. Länge = 19, Breite = 12; 1. Tergit Länge = 6, vordere Breite = 3, hintere Breite = 5; Bohrerlänge = 3.

♂. – Unbekannt.

Untersuchtes Material: Brit. Mus. East Nepal Exp. 1961 – 62, Taplejung Distr., R. L. COE Coll.: Mixed plants by damp cliff in deep river gorge, c. 5200′ I-II. 1962, between Sangu and Tamrang, 1 ♀. – Vom gleichen Fundort, 22. XI. 1961, 1 ♀. – Sangu c. 6200′, Mixed vegetation by stream in gully, XI. 1961-I. 1962, 1 ♀. – Between Sangu and Tamrang, Mixed plants by damp cliff in deep river gorge. c. 5200′, I-II. 1962, 1 ♀.

Holotype: Das erstzitierte ♀ im British Museum, Nat. Hist. in London.

Opius dataensis n. sp. (Abb. 30,31)

♀. – Kopf: Doppelt so breit wie lang, glatt, Augen wenig vorstehend,

Augen und Schläfen in gemeinsamer Flucht gerundet, Schläfen halb so lang wie die Augen, Hinterhaupt gebuchtet; Ocellen vortretend, der Abstand zwischen ihnen so groß wie ein Ocellusdurchmesser, der Abstand des äußeren Ocellus vom inneren Augenrand wenig größer als die Breite des Ocellarfeldes. Gesicht um ein Drittel breiter als hoch, glatt, glänzend, feinst behaart, die Punktur kaum erkennbar, Mittelkiel fast fehlend; Clypeus durch einen feinen Einschnitt vom Gesicht getrennt, in gleicher Ebene wie das Gesicht liegend, glatt, nur mit einzelnen, zerstreuten Punkten besetzt, vorne schwach eingezogen; Paraclypealgrübchen voneinander doppelt so weit entfernt wie vom Augenrand. Wangen fast kürzer als die basale Mandibelbreite. Mund offen, Mandibeln an der Basis nicht erweitert, Maxillartaster so lang wie die Kopfhöhe. Fühler fadenförmig, um die Hälfte länger als der Körper, 29gliedrig; drittes Fühlerglied dreimal so lang wie breit, die folgenden nur wenig kürzer werdend, das vorletzte doppelt so lang wie breit; die Geißelglieder der apikalen Hälfte deutlich voneinander abgesetzt, deutlich gerieft und ziemlich dicht behaart.

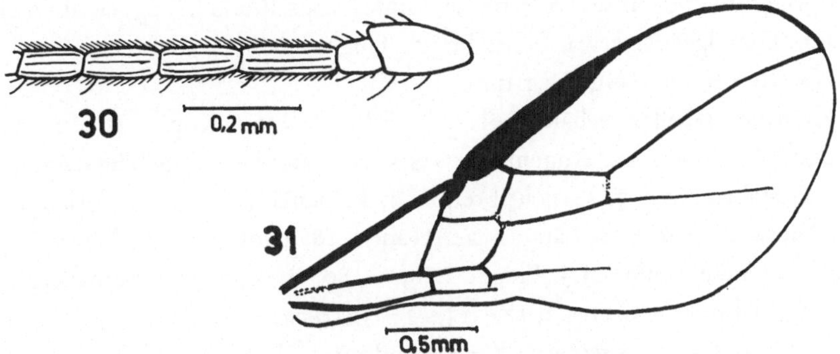

Abb. 30. *Opius dataensis* n. sp. – Fühlerbasis.
Abb. 31. *Opius dataensis* n. sp. – Vorderflügel.

Thorax: Um ein Drittel länger als hoch, um die Hälfte höher als der Kopf und fast gleich breit wie dieser, Oberseite gewölbt. Mesonotum wenig breiter als lang, vor den Tegulae gleichmäßig gewölbt, ganz glatt; Notauli vorne schwach eingedrückt, glatt, reichen auf die Scheibe, erlöschen aber hier, ihr gedachter Verlauf durch je eine Schar von Haaren angedeutet, Rückengrübchen fehlt, Seiten nur an den Tegulae deutlich gerandet. Praescutellarfurche krenuliert. Der Rest des Thorax glatt und glänzend, Sternaulus fehlt, alle übrigen Furchen einfach. Propodeum mit einem feinen, mittleren Längskiel. Beine schlank, Hinterschenkel fünfmal so lang wie breit.

Flügel: Stigma keilförmig, *r* entspringt aus dem vorderen Fünftel, *r1* kürzer als die Stigmabreite, einen stumpfen Winkel mit *r2* bildend, *r2* doppelt so lang wie *cuqu1*, *r3* nach außen geschwungen, zweieinhalbmal so lang wie *r2*, *R* reicht reichlich an die Flügelspitze, *n.rec.* postfurkal, *d* um ein Drittel länger als *n.rec.*, *nv* schwach postfurkal, *B* geschlossen, *n.par.* entspringt aus der Mitte von *B; n.rec.* im Hinterflügel fehlend.

Abdomen: Erstes Tergit um ein Drittel länger als hinten breit, nach vorne gleichmäßig verjüngt, mit zwei seitlichen Kielen, die geradlinig und schwach nach rückwärts divergieren und den Hinterrand erreichen, der Raum zwischen ihnen erhaben und schwach runzelig, die lateralen Felder glatt. Der Rest des Abdomens glatt. Bohrer nur ganz wenig vorstehend, kürzer als das erste Tergit.

Färbung: Dunkelbraun. Gesicht und Hinterleibsmitte etwas heller braun. Gelb sind: Scapus, Basis des dritten Fühlergliedes, Mundwerkzeuge außer den Mandibelspitzen und alle Beine. Hintertarsen dunkel, Tegulae dunkelbraun, Flügelgeäder etwas heller braun. Flügel hyalin.

Absolute Körperlänge: 2,1 mm.

Relative Größenverhältnisse: Körperlänge = 56. Kopf. Breite = 17, Länge = 8, Höhe = 12, Augenlänge = 5,5, Augenhöhe = 9, Schläfenlänge = 2,5, Gesichtshöhe = 7, Gesichtsbreite = 9, Palpenlänge = 13, Fühlerlänge = 95. Thorax. Breite = 16, Länge = 24, Höhe = 18, Hinterschenkellänge = 17, Hinterschenkelbreite = 3,5. Flügel. Länge = 80, Breite = 35, Stigmalänge = 25, Stigmabreite = 3, *r1* = 2, *r2* = 13, *r3* = 32, *cuqu1* = 7, *cuqu2* = 3, *cu1* = 6, *cu2* = 15, *cu3* = 25, *n.rec.* = 6, *d* = 8. Abdomen. Länge = 24, Breite = 15; 1. Tergit Länge = 8, vordere Breite = 4, hintere Breite = 6; Bohrerlänge = 5.

♂. – Unbekannt.

Untersuchtes Material: Oakforest 7800′, Mt. Data, Phil., Dec. 31, 1952, H. M. & D. TOWNES, 1 ♀, Holotype, in der Sammlung TOWNES im Museum of Zoology in Ann Arbor, Mich., USA.

Opius deeralensis FULL.

Opius deeralensis FULLAWAY, Proc. Hawaii ent. Soc. 14, 1950, p. 65, ♀♂.
Opius deeralensis, FISCHER, Acta ent. Mus. Nat. Pragae 35, 1963, p. 230, ♀♂.

Opius delhianus n. sp.

♀. – Kopf: Weniger als doppelt so breit wie lang, glatt, Augen nicht vorstehend, hinter den Augen ebenso breit wie zwischen den Augen, hier nur schwach gerundet, nicht verengt, Kopf von oben gesehen fast rechteckig erscheinend, Schläfen so lang wie die Augen, Hinterhaupt merklich gebuchtet; Ocellen kaum vortretend, der Abstand zwischen ihnen nur um eine Spur größer als ein Ocellusdurchmesser, der Abstand des äußeren Ocellus vom inneren Augenrand um die Hälfte größer als die Breite des Ocellarfeldes. Gesicht um ein Drittel breiter als hoch, glänzend, besonders gegen die Ränder mit einer feinsten, bei schwacher Vergrößerung gar nicht wahrnehmbaren Chagrinierung, mit feinsten Punkten versehen und feinst behaart, mit stumpfem Mittelkiel, der sich nach unten halsartig verbreitert; Clypeus flach, in gleicher Ebene wie das Gesicht liegend, halbkreisförmig, Vorderrand schwach gerundet und in der Mitte schwach lappenartig ausgezogen, glänzend, mit deutlichen Grübchen an der Basis, diese voneinander doppelt so weit entfernt wie vom Augenrand. Wangen so lang wie die basale Mandibelbreite. Mund geschlossen, Mandibeln an der Basis nicht erweitert, Maxillartaster so lang wie die Kopfhöhe. Fühler fadenförmig, um ein Drittel länger als der Körper, 31–34gliedrig, meist 34gliedrig; drittes Fühlerglied zweieinhalbmal so lang wie breit, die folgenden 4-6 Glieder gleich lang, die restlichen langsam an Länge abnehmend, das vorletzte doppelt so lang wie breit; die Geißelglieder schwach voneinander abgesetzt und deutlich gerieft.

Thorax: Fast um die Hälfte länger als hoch, um die Hälfte höher als der Kopf und kaum schmäler als dieser, Oberseite nur schwach gewölbt, fast flach. Mesonotum so lang wie breit, vor den Tegulae bis zu den Schulterecken gleichmäßig gerundet, glatt. Notauli vorne eingedrückt, glatt, reichen auf die Scheibe, erlöschen aber hier, ihr gedachter Verlauf durch je eine Reihe feiner Haare angedeutet, Rückengrübchen tief und schwach oval, Seiten überall gerandet, die Randfurchen gehen vorne in die Notauli über. Praescutellarfurche krenuliert. Scutellum und Postscutellum glatt. Propodeum gleichmäßig, feinkörnig runzelig und mit kurzen Haaren schütter besetzt. Seite des Prothorax glatt, vordere Furche gekerbt. Mesopleurum glatt, Sternaulus nur flach eingedrückt und glatt, alle Furchen einfach. Metapleurum glänzend. Beine gedrungen, Hinterschenkel dreimal so lang wie breit.

Flügel: Stigma keilförmig, *r* entspringt etwas vor der Mitte, *r1* halb so lang wie die Stigmabreite, einen stumpfen Winkel mit *r2* bildend, *r2* ganz gerade, um ein Drittel länger als *cuqu1*, *r3* gerade, doppelt so lang wie *r2*, *R* reicht an die Flügelspitze, *n.rec.* postfurkal, *Cu2* nach außen schwach verengt, *d* um ein Drittel länger als *n.rec.*, *nv* um die halbe eigene Länge postfurkal, *B* außen unten offen, *d* geht im Bogen in *n.par.* über; *n.rec.* im Hinterflügel fehlend.

Abdomen: Ziemlich schmal und langgestreckt. Erstes Tergit kaum länger als hinten breit, die Seitenränder rückwärts parallel, vor der Mitte nach vorne schwach konvergierend, mit zwei schwachen, nach rückwärts konvergierenden Kielen im vorderen Drittel, das ganze Tergit schwach gewölbt und gleichmäßig, feinkörnig runzelig, matt. Tergit (2 + 3) feinst chagriniert, an der Basis schwach längsgestrichelt. Die restlichen Tergite glatt. Bohrer kurz vorstehend, etwa halb so lang wie das erste Tergit, die Bohrerklappen so lang wie das erste Tergit, das Hypopygium endet deutlich vor der Spitze des Abdomens.

Färbung: Gelbbraun. Schwarz sind: Fühlergeißeln, ein mehr oder weniger ausgedehnter Fleck auf der Oberseite des Kopfes, Mandibelspitzen, Pulvillen und die Bohrerklappen. Flügel hyalin, Flügelnervatur braun.

Absolute Körperlänge: 3,0 mm.

Relative Größenverhältnisse: Körperlänge = 81. Kopf. Breite = 19, Länge = 11, Höhe = 14, Augenlänge = 5,5, Augenhöhe = 8, Schläfenlänge = 5,5, Gesichtshöhe = 9, Gesichtsbreite = 12, Palpenlänge = 15, Fühlerlänge = 115. Thorax. Breite = 17, Länge = 30, Höhe = 21, Hinterschenkellänge = 15, Hinterschenkelbreite = 5. Flügel. Länge = 75, Breite = 31, Stigmalänge = 20, Stigmabreite = 4, *r1* = 2, *r2* = 11, *r3* = 23, *cuqu1* = 8, *cuqu2* = 4, *cu1* = 10, *cu2* = 15, *cu3* = 19, *n.rec.* = 7, *d* = 10. Abdomen. Länge = 40, Breite = 17; 1. Tergit Länge = 10, vordere Breite = 6, hintere Breite = 9.

♂. – Vom ♀ nicht verschieden. Fühler 29-33gliedrig.

Untersuchtes Material: Delhi, India, IX. 1958, H. R. RAO, 11 ♀♀, 3 ♂♂.

Holotype: 1 ♀ in der Sammlung der University of Wisconsin, Madison, USA.

Opius fletcheri SILV.

Opius fletcheri SILVESTRI, Boll. Lab. Zool. gen. agr. Portici 11, 1916, p. 163, ♀♂.
Opius fletcheri, WILLARD, J. Agric. Res. 20, 1920, p. 423-438 (Biol.).
Opius fletcheri, YASHIRO, Nojikairyo-shiryo, No. 109, 1936, p. 149-152 (Geogr.).

Opius fletcheri, PRUTHI, Sci. Rep. agr. Res. Inst. New Delhi 1935-36, 1937, p. 123-137 (Biol., Geogr.).
Opius fletcheri, LEVER, Agric. J. Fiji 9, 1938, p. 19-24 (Biol.).
Opius fletcheri, YASHIRO, Oyo-Kontyu 2, 1940, p. 162 (Biol.).
Opius fletcheri, BARTLETT, J. Agric. Univ. Puerto Rico 25, 1941, p. 25-32 (Biol.).
Opius fletcheri, FISCHER, Beitr. Ent. 8, 1958, p. 206, ♀♂.

Opius froggatti FULL.

Opius froggatti FULLAWAY, Proc. Hawaii ent. Soc. 14, 1950, p. 67, ♀♂.
Opius frogatti, FISCHER, Acta ent. Mus. Nat. Pragae 35, 1963, p. 203, ♀♂.

Opius fulvifacies n. sp. (Abb. 32)

♂. – Kopf: Doppelt so breit wie lang, glatt, Stirn nur seitlich mit einer Anzahl haartragender Punkte, Augen etwas vorstehend, Augen und Schläfen in gemeinsamer Flucht gerundet, Schläfen halb so lang wie die Augen, Hinterhaupt fast gerade; Ocellen nur wenig vortretend, der Abstand zwischen ihnen so groß wie ein Ocellusdurchmesser, der Abstand des äußeren Ocellus vom inneren Augenrand so groß wie die Breite des Ocellarfeldes; seitlich der hinteren Ocellen je eine kleine Furche. Gesicht nur wenig breiter als hoch, glänzend, schwach, aber deutlich punktiert und behaart, ein deutlicher, stumpfer Mittelkiel ausgebildet, Augenränder parallel; Clypeus durch einen deutlichen Einschnitt vom Gesicht getrennt, schwach gewölbt, glänzend, mit einer Anzahl tieferer Punkte, Vorderrand stark gerandet und schwach eingezogen; Paraclypealgrübchen tief, voneinander doppelt so weit entfernt wie vom Augenrand. Wangen so lang wie die basale Mandibelbreite. Mund offen, Mandibeln an der Basis nicht erweitert, Maxillartaster so lang wie die Kopfhöhe. Fühler schwach borstenförmig, um ein Drittel länger als der Körper, 36gliedrig; drittes Fühlerglied zweieinhalbmal so lang wie breit, die folgenden langsam kürzer werdend, das vorletzte um die Hälfte länger als breit; die Geißelglieder der apikalen Hälfte deutlich voneinander abgesetzt.

Thorax: Um die Drittel länger als hoch, um ein Drittel höher als der Kopf und wenig schmäler als dieser, Oberseite gewölbt. Mesonotum so lang wie breit, vor den Tegulae bis zu den Schulterecken gleichmäßig gerundet, Vorderecken stark vortretend, Vorderrand ziemlich gerade, der vordere Teil stark abschüssig, das ganze Mesonotum glatt, nur vorne am Absturz feinst punktiert und behaart; Notauli vorne tief eingegraben, kaum skulptiert, reichen auf die Scheibe, verschwinden erst knapp vor dem Rückengrübchen, dieses mächtig verlängert, Mittellappen stark abgesondert, Seiten überall gerandet, die Randfurchen gehen vorne in die Notauli über. Praescutellarfurche tief und mit fünf Längsleistchen. Scutellum gewölbt, glatt. Postscutellum glatt. Propodeum grobzellig runzelig, die Lücken stark uneben. Seite des Prothorax glatt, vordere und hintere Furche krenuliert. Mesopleurum glatt, Sternaulus tief eingedrückt, schmal, stark gekerbt, reicht an den Vorderrand, erreicht aber nicht ganz den unteren Rand; die übrigen Furchen einfach. Metapleurum in der Mitte glatt, die Ränder gekerbt. Beine schlank, Hinterschenkel viermal so lang wie breit.

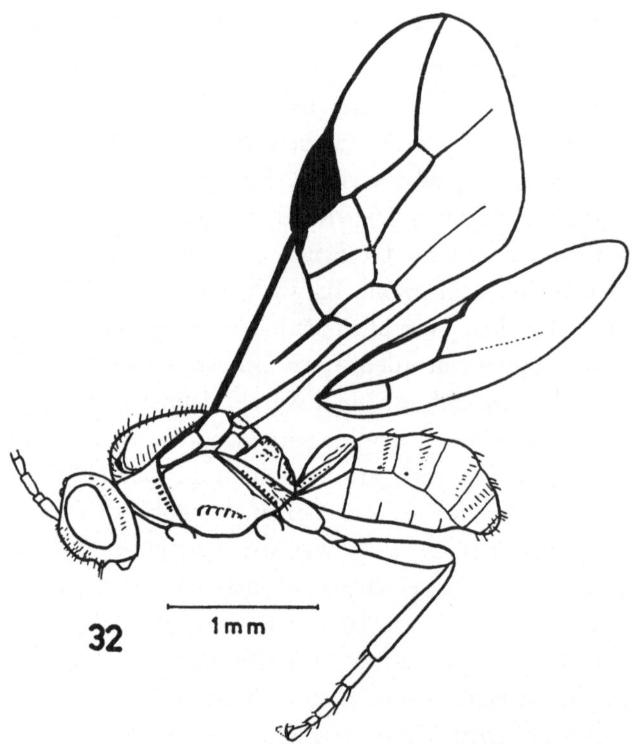

Abb. 32. *Opius fulvifacies* n. sp. – Körper in Seitenansicht.

Flügel: Verhältnismäßig breit. Stigma breit, eiförmig, *r* entspringt weit vor der Mitte, *r1* halb so lang wie die Stigmabreite, fast eine gerade Linie mit *r2* bildend, *r2* um die Hälfte länger als *cuqu1*, *r3* nach außen geschwungen, um die Hälfte länger als *r2*, *R* reicht an die Flügelspitze, *n.rec.* interstitial, *Cu2* nach außen stark verengt, *d* doppelt so lang wie *n.rec.*, *nv* schwach postfurkal, *B* geschlossen, *n.par.* entspringt aus der Mitte von *B; n.rec.* im Hinterflügel fehlend.

Abdomen: Erstes Tergit so lang wie hinten breit, Seitenränder nach vorne gleichmäßig konvergierend, mit zwei starken seitlichen Kielen, die anfangs nach rückwärts konvergieren, dann aber parallel verlaufen und fast an den Hinterrand reichen; der Raum zwischen den Kielen etwas erhaben, netzartig runzelig und mit unregelmäßigem Mittelkiel; die lateralen Felder größtenteils glatt, nur vorne runzelig. Der Rest des Abdomens glatt, nur das dritte Tergit an der äußersten Basis fein längsgestrichelt.

Färbung: Schwarz. Gelb sind: Scapus, Basis des dritten Fühlergliedes, Palpen, alle Beine und die Tegulae. Rotbraun sind: Gesicht, Augenränder, Wangen, Mandibeln außer ihren Spitzen. Flügelnervatur braun, Flügel nur schwach getrübt, fast hyalin.

Absolute Körperlänge: 3,4 mm.

Relative Größenverhältnisse: Körperlänge = 93. Kopf. Breite = 25, Länge = 13, Höhe = 20, Augenlänge = 9, Augenhöhe = 13, Schläfenlänge = 4, Gesichtshöhe = 12, Gesichtsbreite = 14, Palpenlänge = 20, Fühlerlänge = 125. Thorax. Breite = 22, Länge = 38, Höhe = 27, Hinterschenkellänge = 20, Hinterschenkelbreite = 5. Flügel. Länge = 90, Breite = 49, Stigmalänge = 20, Stigmabreite = 7, *r1* = 3, *r2* = 17, *r3* = 25, *cuqu1* = 11, *cuqu2* = 5, *cu1* = 14, *cu2* = 23, *cu3* = 20, *n.rec.* = 6, *d* = 12. Abdomen. Länge = 42, Breite = 28; 1. Tergit Länge = 15, vordere Breite = 7, hintere Breite = 14.

♀. – Unbekannt.

Untersuchtes Material: Formosa, SAUTER, Mt. Hoozan, IV. 1910, 1 ♂, Holotype, im Naturwissenschaftlichen Museum in Budapest.

Opius gribodoi FI.

Opius gribodoi FISCHER, Ann. Mus. Civ. Stor. Nat. Genova 73, 1962, p. 87, ♂.

Opius hageni FULL.

Opius hageni FULLAWAY, Proc. Hawaii ent. Soc. 14, 1950, p. 65, ♀♂.
Opius hageni, FISCHER, Acta ent. Mus. Nat. Pragae 35, 1963, p. 230, ♀♂.

Opius halconicus n. sp.

♀. – Kopf: Gut doppelt so breit wie lang, glatt, Augen vorstehend, Augen und Schläfen in gemeinsamer Flucht gerundet, Schläfen hinter den Augen stark verengt, von ein Drittel Augenlänge, Hinterhaupt schwach gebuchtet; Ocellen vortretend, der Abstand zwischen ihnen so groß wie ein Ocellusdurchmesser, der Abstand des äußeren Ocellus vom inneren Augenrand wenig größer als die Breite des Ocellarfeldes. Gesicht nur eine Spur breiter als hoch, ganz glatt, fein behaart, keine Punktur sichtbar, Mittelkiel oben scharf, unten etwas breiter; Clypeus gewölbt, durch einen feinen Einschnitt vom Gesicht getrennt, vorne schwach eingezogen, ganz glatt; Paraclypealgrübchen tief und groß, der Abstand zwischen ihnen doppelt so groß wie jener zwischen ihnen und den Augenrändern. Wangen so lang wie die basale Mandibelbreite. Augen groß, nehmen den größten Teil der Kopfseiten ein. Mund offen, Mandibeln an der Basis nicht erweitert, Maxillartaster so lang wie die Kopfhöhe. Fühler fadenförmig, um ein Viertel länger als der Körper, 24-25gliedrig; drittes Fühlerglied dreimal so lang wie breit, die folgenden allmählich kürzer werdend, das vorletzte um die Hälfte länger als breit; die Geißelglieder deutlich gerieft, kurz behaart und deutlich voneinander abgesetzt.

Thorax: Um ein Viertel länger als hoch, um ein Drittel höher als der Kopf und ebenso breit wie dieser, Oberseite stark gewölbt. Mesonotum um ein Viertel breiter als lang, vor den Tegulae gleichmäßig gerundet, ganz glatt; Notauli vollständig, deutlich eingeschnitten, aber glatt, mit feinen Haaren besetzt, Rückengrübchen punktförmig, Seiten überall gerandet, die Randfurchen gehen vorne in die Notauli über. Praescutellarfurche seitlich nicht abgekürzt und gekerbt. Scutellum und Postscutellum glatt. Propodeum glatt, mit Andeutung einer Querrunzel in der vorderen Hälfte. Seite des Prothorax glatt und glänzend, Sternaulus kaum eingedrückt, alle Furchen einfach. Beine schlank, Hinterschenkel fünfmal so lang wie breit.

Flügel: Stigma keilförmig, *r1* fast so lang wie die Stigmabreite, einen stumpfen Winkel mit *r2* bildend, *r2* doppelt so lang wie *cuqu1*, *r3* nach außen geschwungen, um ein Viertel länger als *r2*, *R* reicht reichlich an die Flügelspitze, *n.rec.* stark postfurkal, *Cu2* groß, nach außen stark verengt, *d* geht im flachen Bogen in *n.rec.* über, mehr als doppelt so lang wie *n.rec.*, *B* geschlossen, *n.par.* entspringt wenig unter der Mitte von *B; n.rec.* im Hinterflügel fehlend.

Abdomen: Erstes Tergit fast doppelt so lang wie hinten breit, fast parallelseitig, nach vorne nur schwach verjüngt, glänzend, uneben bis längsrissig, mit zwei Längskielen, die fast an den Hinterrand reichen, die seitlichen Tuberkel schwach vortretend. Der Rest des Abdomens ganz glatt. Bohrer kaum vorstehend.

Färbung: Dunkelbraun bis schwarz. Gelb bis braun sind: Scapus, Pedicellus, Gesicht, Schläfen, Augenränder, Mandibeln, Ränder des Prothorax, Tegulae, Flügelnervatur und die Unterseite des Abdomens. Beine gelb. Taster, Hüften, Trochanteren und die Schenkel zum Teil weiß. Hintertarsen geschwärzt. Flügel hyalin.

Absolute Körperlänge: 2,6 mm.

Relative Größenverhältnisse: Körperlänge = 71. Kopf. Breite = 21, Länge = 10, Höhe = 15, Augenlänge = 7,5, Augenhöhe = 11, Schläfenlänge = 2,5, Gesichtshöhe = 9, Gesichtsbreite = 10, Palpenlänge = 15, Fühlerlänge = 90. Thorax. Breite = 20, Länge = 26, Höhe = 21, Hinterschenkellänge = 17, Hinterschenkelbreite = 3,5. Flügel. Länge = 85, Breite = 40, Stigmalänge = 23, Stigmabreite = 4, *r1* = 3, *r2* = 19, *r3* = 24, *cuqu1* = 9, *cuqu2* = 5, *cu1* = 10, *cu2* = 26, *cu3* = 19, *n.rec.* = 4, *d* = 10. Abdomen. Länge = 35, Breite = 20; 1. Tergit Länge = 11, vordere Breite = 3, hintere Breite = 6.

♂. – Unbekannt.

Untersuchtes Material: Ilong Mt. Halcon, 4500′ Mdro. Or. V – 9, '54, Phil., M. & D. TOWNES, 1 ♀; V – 11, '54, 3 ♀♀.

Holotype: 1 ♀ in der Sammlung TOWNES im Museum of Zoology in Ann Arbor, Mich., USA.

Opius illatus n. sp.

♀. – Kopf: Doppelt so breit wie lang, glatt, Augen vorstehend, hinter den Augen stark verengt, Schläfen halb so lang wie die Augen, Hinterhaupt schwach gebuchtet; Ocellen nicht vortretend, der Abstand zwischen ihnen so groß wie ein Ocellusdurchmesser, der Abstand des äußeren Ocellus vom inneren Augenrand so groß wie die Breite des Ocellarfeldes. Gesicht quadratisch, fein und dicht punktiert, fein behaart, mit scharfem Mittelkiel, der nur unten etwas stumpfer ist; Clypeus halbkreisförmig, schwach gewölbt, ganz glatt, durch eine deutlich eingedrückte Linie vom Gesicht getrennt, Vorderrand gerade; Paraclypealgrübchen nur wenig weiter voneinander entfernt als vom Augenrand. Wangen so lang wie die basale Mandibelbreite. Mund offen, Mandibeln an der Basis nicht erweitert. Maxillartaster wenig länger als die Kopfhöhe. Fühler schwach borstenförmig, um die Hälfte länger als der Körper, 27-30gliedrig; drittes Fühlerglied viermal so lang wie breit, die folgenden allmählich etwas kürzer werdend, das vorletzte um die Hälfte länger als breit; die Geißelglieder nur undeutlich voneinander abgesetzt, die Haare so lang wie die Breite der Geißelglieder, die Rillen kaum erkennbar.

Thorax: Um die Hälfte länger als hoch, um die Hälfte höher als der Kopf und nur wenig schmäler als dieser, Oberseite flach, mit der Unterseite parallel. Mesonotum nur unbedeutend breiter als lang, vor den Tegulae gleichmäßig gerundet, glatt, nur der Mittellappen weitläufig haarpunktiert; Notauli deutlich eingeschnitten und vollständig, vereinigen sich am Rückengrübchen, gekerbt und haarpunktiert, Seiten überall gerandet, die Randfurchen gehen vorne in die Notauli über. Praescutellarfurche bogenförmig gekrümmt und radiär krenuliert. Scutellum glatt, nur mit vereinzelten Haarpunkten. Postscutellum glatt. Propodeum weit maschenartig runzelig. Seite des Prothorax glatt. Mesopleurum ohne Skulptur, Sternaulus schmal und kurz, deutlich gekerbt, die übrigen Furchen einfach. Metapleurum fein runzelig. Beine schlank, Hinterschenkel viermal so lang wie breit.

Flügel: Stigma keilförmig, *r* entspringt aus dem vorderen Drittel, *r1* von zwei Drittel Stigmabreite, einen stumpfen Winkel mit *r2* bildend, *r2* doppelt so lang wie *cuqu1*, *r3* nach außen geschwungen, doppelt so lang wie *r2*, *R* reicht reichlich an die Flügelspitze, *n.rec.* interstitial, *Cu2* nach außen nur unbedeutend verengt, *d* um zwei Drittel länger als *n.rec.*, *nv* schwach postfurkal, *B* geschlossen, *n.par.* entspringt über der Mitte von *B*; *n.rec.* im Hinterflügel fehlend.

Abdomen: Erstes Tergit um die Hälfte länger als hinten breit, Seiten deutlich gerandet, diese in der hinteren Hälfte parallel, dann nach vorne schwach konvergierend, die Stigmen in der Mitte der Seitenränder klein, mit einigen deutlichen Längsstreifen, die seitlichen Kiele gehen in die Streifung über, das ganze Tergit schwach gewölbt. Der Rest des Abdomens ohne Skulptur. Bohrer fast versteckt.

Färbung: Schwarz. Gelb sind: Scapus, Pedicellus, Gesicht, Schläfen, Augenränder, Mundwerkzeuge, alle Beine, Tegulae, Flügelnervatur und ein Teil der Unterseite des Abdomens. Die letzten 10 Fühlerglieder weißlich. Flügel fast hyalin.

Absolute Körperlänge: 2,6 mm.

Relative Größenverhältnisse: Körperlänge = 70. Kopf. Breite = 17, Länge = 9, Höhe = 12, Augenlänge = 6, Augenhöhe = 9, Schläfenlänge = 3, Gesichtshöhe = 9, Gesichtsbreite = 9, Palpenlänge = 16, Fühlerlänge = 100. Thorax. Breite = 15, Länge = 28, Höhe = 18, Hinterschenkellänge = 16,

Hinterschenkelbreite = 4. Flügel. Länge = 80, Breite = 36, Stigmalänge = 18, Stigmabreite = 4, *r1* = 2,5, *r2* = 13, *r3* = 27, *cuqu1* = 7, *cuqu2* = 5, *cu1* = 9, *cu2* = 17, *cu3* = 21, *n.rec.* = 6, *d* = 10. Abdomen. Länge = 33, Breite = 15; 1. Tergit länge = 11, vordere Bıeite = 4, hintere Breite = 7.

♂. – Vom ♀ nicht verschieden. Fühler 26-30gliedrig.

Untersuchtes Material: Taplejung Distr., Brit. Mus. East Nepal Exp. 1961 – 62, R. L. COE Coll., B.M. 1962 – 177: Mixed plants by damp cliff in deep river gorge, c. 5200′, I.-II. 1962, between Sangu and Tamrang, 3 ♀♀. – Sangu, c. 6200′, Mixed vegetation by stream in gully. XI. 1961-I. 1962, 2 ♀♀. – Above Sangu, Mixed vegetation in dried-up ravine, c. 6800′, 16. II. 1962, 1 ♀. – Below Sangu. Mixed vegetation by stream in shady ravine. c 6000′, 30. X. 1961, 1 ♀. – Below Sangu. Edge of small mixed wood. c. 6000′, 4. XI. 1961, 1 ♂. – Old mixed Forest above Sangu, c. 6200′, 25.-28. X. 1961, 1 ♂. – Edge of mixed forest above Sangu. c. 6500′, 17. X.-1. XI. 1961, 1 ♀, 1 ♂. – Deep river gorge. c. 5200′, between Sangu and Tamrang, 1 ♂. – Formosa, SAUTER, Mt. Hoozan I. 1910, 1 ♂.

Holotype: Ein ♀ der erstzitierten Serie im British Museum, Nat. Hist. in London.

Opius incisi SILV.

Opius incisi SILVESTRI, Boll. Lab. Zool. gen. agr. Portici 11, 1916, p. 164, ♀.
Opius incisi, FISCHER, Acta ent. Mus. Nat. Pragae 35, 1963, p. 213, ♀♂.

Opius indianus n. sp. (Abb. 33,34)

♀. – Kopf: Doppelt so breit wie lang, glatt, Augen nur schwach vortretend, Augen und Schläfen in gemeinsamer Flucht gerundet, Schläfen halb so lang wie die Augen, Hinterhaupt nur schwach gebuchtet; Ocellen nicht vortretend, der Abstand zwischen ihnen so groß wie ein Ocellusdurchmesser, der Abstand des äußeren Ocellus vom inneren Augenrand wenig größer als die Breite des Ocellarfeldes. Gesicht nur wenig breiter als hoch, glänzend, feinst punktiert und behaart, Mittelkiel nur schwach angedeutet; Clypeus fast halbkreisförmig, in gleicher Ebene wie das Gesicht liegend, glatt, vorne gerade abgestutzt; Paraclypealgrübchen etwas weniger als doppelt so weit voneinander entfernt als vom Augenrand. Wangen so lang wie die basale Mandibelbreite. Mund offen, Mandibeln an der Basis nicht erweitert, Maxillartaster so lang wie die Kopfhöhe. Fühler fadenförmig, um ein Drittel länger als der Körper, 24gliedrig;

drittes Fühlerglied zweimal so lang wie breit und ein wenig schmäler als die folgenden; die Glieder von der Mitte angefangen nur wenig kürzer werdend, das vorletzte Glied um die Hälfte länger als breit; die Geißelglieder deutlich voneinander abgesetzt und deutlich gerieft.

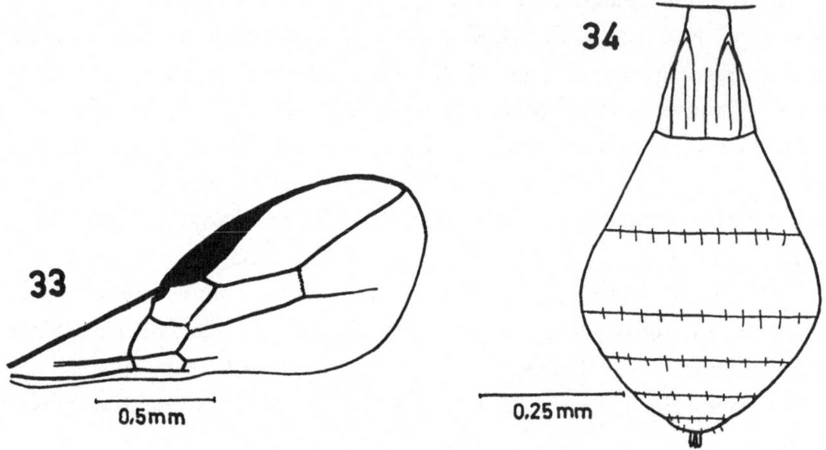

Abb. 33. *Opius indianus* n. sp. – Vorderflügel.
Abb. 34. *Opius indianus* n. sp. – Hinterleib von oben.

Thorax: Um ein Drittel länger als hoch, um ein Drittel höher als der Kopf und merklich schmäler als dieser, Oberseite gewölbt. Mesonotum so breit wie lang, Seiten bis zu den Vorderecken fast geradlinig verjüngt, glatt, glänzend, mit zahlreichen feinen Haaren, die Punktur kaum erkennbar, nur die Seitenlappen kahl; Notauli in den Vorderecken tief eingedrückt und glatt, fehlen auf der Scheibe, Rückengrübchen punktförmig, Seiten überall gerandet, die Randfurchen gehen vorne in die Notauli über. Praescutellarfurche tief und krenuliert. Scutellum glatt. Postscutellum uneben. Propodeum durch feine Kiele weitmaschig genetzt, die Lücken uneben bis glänzend. Seite des Prothorax glatt und glänzend, nur die hintere Furche andeutungsweise skulptiert. Mesopleurum glatt, Sternaulus breit und verworren krenuliert, die übrigen Furchen einfach. Metapleurum glatt, nur an den Rändern schwach gekerbt. Beine schlank, Hinterschenkel fünfmal so lang wie breit.

Flügel: Stigma keilförmig, *r* entspringt aus dem vorderen Viertel, *r1* von zwei Drittel Stigmabreite, einen stumpfen Winkel mit *r2* bildend, *r2* um die Hälfte länger als *cuqu1*, *r3* gerade, um die Hälfte länger als *r2*, *R* reicht an die Flügelspitze, *n.rec.* postfurkal, *Cu2* nach außen kaum verengt, *d* doppelt so lang wie *n.rec.*, *nv* nur um die eigene Breite postfurkal, *B* geschlossen, *n.par.* entspringt aus der Mitte von *B*; *n.rec.* im Hinterflügel fehlend.

Abdomen: Erstes Tergit um zwei Drittel länger als hinten breit, Seiten fein gerandet und nach vorne geradlinig verjüngt, das ganze Tergit mit einigen wenigen Längsstreifen, die seitlichen Kiele nur im vorderen Viertel ausgebildet. Die restlichen Tergite glatt und glänzend. Bohrer kaum vorstehend.

Färbung: Fühlergeißeln, Kopf, Thorax und Hinterleibsende dunkelbraun. Gelb sind: Scapus, Pedicellus, Mundwerkzeuge, alle Beine, Tegulae, Flügelnervatur und die vordere Hälfte des Abdomens. Flügel hyalin.

Absolute Körperlänge: 1,7 mm.

Relative Größenverhältnisse: Körperlänge = 46. Kopf. Breite = 14, Länge = 7, Höhe = 11, Augenlänge = 5, Augenhöhe = 7, Schläfenlänge = 2, Gesichtshöhe = 6, Gesichtsbreite = 7, Palpenlänge = 11, Fühlerlänge = 60. Thorax. Breite = 10, Länge = 18, Höhe = 14, Hinterschenkellänge = 12, Hinterschenkelbreite = 2,5. Flügel. Länge = 55, Breite = 24, Stigmalänge = 15, Stigmabreite = 3, *r1* = 2, *r2* = 10, *r3* = 16, *cuqu1* = 7, *cuqu2* = 4, *cu1* = 5, *cu2* = 15, *cu3* = 14, *n.rec.* = 3, *d* = 6. Abdomen. Länge = 21, Breite = 13; 1. Tergit Länge = 7, vordere Breite = 2, hintere Breite = 4.

♂. – Unbekannt.

Untersuchtes Material: India or. BIRÓ 1902, Matheran 800 m, 1 ♀, Holotype, im Naturwissenschaftlichen Museum in Budapest.

Opius infernalis n. sp.

♂. – Kopf: Doppelt so breit wie lang, glatt, Augen vorstehend, hinter den Augen gerundet, Schläfen halb so lang wie die Augen, Hinterhaupt in der Mitte stark gebuchtet; Ocellen stark vortretend, der Abstand zwischen ihnen kleiner als ein Ocellusdurchmesser, der Abstand des äußeren Ocellus vom inneren Augenrand so groß wie die Breite des Ocellarfeldes. Gesicht um ein Viertel breiter als hoch, glatt, feinst behaart, keine Punktur erkennbar, Augenränder nach unten divergierend, mit stumpfer Aufwölbung entlang der Mitte; Clypeus vom Gesicht durch keine scharfe Linie abgetrennt, nur ein flacher Eindruck vorhanden, schwach gewölbt, ganz glatt, vorne ziemlich gerade; Paraclypealgrübchen voneinander dreimal so weit entfernt wie vom Augenrand. Wangen kürzer als die basale Mandibelbreite. Mund offen, Mandibeln an der Basis nicht erweitert, Maxillartaster so lang wie die Kopfhöhe. Fühler schwach borstenförmig, gegen die Spitze aber nur ganz wenig schmäler werdend, um die Hälfte länger als der Körper, 37gliedrig; drittes Fühlerglied zweimal so lang wie breit, die folgenden gleich lang, erst die Glieder von der Mitte angefangen langsam kürzer werdend, das vorletzte um die Hälfte länger als breit; die Geißelglieder schwach voneinander abgesetzt, keine Riefen erkennbar, kurz behaart, die abstehenden Borsten kürzer als die Breite der Geißelglieder.

Thorax: Um ein Viertel länger als hoch, um die Hälfte höher als der Kopf und etwas schmäler als dieser, Oberseite gewölbt. Mesonotum so breit wie lang, Seiten bis zu den Vorderecken fast geradlinig konvergierend, vorne gerundet, ganz glatt; Notauli vorne tief eingedrückt, glatt, reichen auf die Scheibe, erlöschen aber hier, Rückengrübchen punktförmig, Seiten überall gerandet, die Randfurchen gehen vorne in die Notauli über. Praescutellarfurche mit einigen wenigen Längsleistchen. Scutellum und Postscutellum glatt. Propodeum glänzend, stellenweise uneben mit Runzelspuren. Seite des Prothorax glatt, die hintere Furche fein gekerbt. Mesopleurum ohne Skulptur, Sternaulus kurz und schmal, fein gekerbt, alle übrigen Furchen einfach. Metapleurum glatt, höchstens die Ränder schwach gekerbt. Beine gedrungen, Hinterschenkel dreimal so lang wie breit.

Flügel: Stigma mäßig breit, halbeiförmig, *r* entspringt vor der Mitte, *r1* von ein Drittel Stigmabreite, einen stumpfen Winkel mit *r2* bildend, *r2* doppelt so lang wie *cuqu1*, *r3* nach außen geschwungen, nur ganz wenig länger als *r2*, *R* reicht reichlich an die Flügelspitze, *n.rec.* stark antefurkal, der Abschnitt von *cu* zwischen *n.rec.* und *cuqu1* bedeutend länger als *r1*, *d* doppelt so lang wie *n.rec.*, *nv* fast interstitial, *B* geschlossen, *n.par.* entspringt unter der Mitte von *B; n.rec.* im Hinterflügel fehlend.

Abdomen: Erstes Tergit um die Hälfte länger als hinten breit, nach vorne ziemlich gleichmäßig verjüngt, mit stark entwickelten Tuberkeln in der Mitte der Seitenränder, das ganze Tergit netzartig runzelig, nur die lateralen Felder seitlich glatt, die seitlichen Kiele gerade, konvergieren nach rückwärts und reichen bis in die rückwärtige Hälfte. Der Rest des Abdomens glatt.

Färbung: Schwarz. Rotgelb sind: Scapus, Pedicellus, Kopf, Mandibeln mit Ausnahme der Spitzen, Mesonotum, Scutellum, Postscutellum, Prothorax und Flecke auf dem Mesopleurum. Gelb bis weißlich sind: Palpen und alle Beine, nur die Hintertarsen geschwärzt. Unterseite des Abdomens gelblich. Flügel hyalin.

Absolute Körperlänge: 3,8 mm.

Relative Größenverhältnisse: Körperlänge = 102. Kopf. Breite = 30, Länge = 15, Höhe = 20, Augenlänge = 10, Augenhöhe = 15, Schläfenlänge = 5, Gesichtshöhe = 13, Gesichtsbreite = 16, Palpenlänge = 19, Fühlerlänge = 160. Thorax. Breite = 25, Länge = 40, Höhe = 33, Hinterschenkellänge = 21, Hinterschenkelbreite = 7. Flügel. Länge = 100, Breite = 48, Stigmalänge = 23, Stigmabreite = 7, *r1* = 2, *r2* = 23, *r3* = 27, *cuqu1* = 12, *cuqu2* = 7, *cu1* = 12, *cu2* = 28, *cu3* = 19, *n.rec.* = 8, *d* = 15. Abdomen. Länge = 47, Breite = 27; 1. Tergit Länge = 17, vordere Breite = 6, hintere Breite = 11.

♀. – Unbekannt.

Untersuchtes Material: Los Banos, Lag. P.I., X. 3. '03, TOWNES family, 3 ♂♂, eines davon die Holotype in der Sammlung TOWNES im Museum of Zoology in Ann Arbor, Mich., USA.

Anmerkung: Die Art ist dem *Opius froggatti* FULL. nächst verwandt und unterscheidet sich von diesem durch die netzartige Runzelung des medianen Raumes auf dem ersten Abdominaltergit sowie durch abweichende Färbung. Die Oberseite des Abdomens, die Seiten des Thorax und das Propodeum sind geschwärzt.

Opius javanus SZÉPL.

Opius javanus SZÉPLIGETI, Leiden Notes Mus. 29, 1908, p. 231, ♀.
Opius javanus, FISCHER, Acta ent. Mus. Nat. Pragae 35, 1963, p. 216, ♀.

Opius kashmirensis n. sp.

♂. – Kopf: Weniger als doppelt so breit wie lang, glatt, Augen wenig vorstehend, hinter den Augen gerundet, Schläfen so lang wie die Augen, Hinterhaupt gebuchtet; Ocellen kaum vortretend, der Abstand zwischen ihnen größer als ein Ocellusdurchmesser, der Abstand des äußeren Ocellus vom inneren Augenrand so groß wie die Breite des Ocellarfeldes. Gesicht um ein Viertel breiter als hoch, glänzend, deutlich punktiert und fein behaart, mit stumpfem, glänzendem Mittelkiel, Augenränder parallel; Clypeus zweimal so breit wie hoch, in gleicher Ebene wie das Gesicht liegend, durch eine gleichmäßig gekrümmte Linie vom Gesicht getrennt, Vorderrand nach unten vortretend, die seitlichen Ecken und die Mitte vorgezogen, so daß der Vorderrand doppelt geschwungen erscheint, glänzend, wie das Gesicht punktiert und etwas länger behaart. Wangen eine Spur kürzer als die basale Mandibelbreite. Mund geschlossen, Mandibeln an der Basis schwach erweitert, das heißt, in der basalen Hälfte des unteren Randes mit einer vortretenden Kante, die eine kleine, aber scharfe Ecke bildet, Mandibeln an der basalen Hälfte mit langen, gegen die Mitte geneigten Haaren, Maxillartaster kaum länger als die Kopfhöhe. Fühler borstenförmig, die Glieder des apikalen Viertels deutlich schmäler werdend, um die Hälfte länger als der Körper, 45gliedrig; drittes Fühlerglied zweieinhalbmal so lang wie breit, die folgenden nur langsam kürzer werdend, das vorletzte um die Hälfte länger als breit; die Geißelglieder schwach voneinander abgesetzt, dicht gerieft und kurz behaart, die Haare kürzer als die Breite der Geißelglieder, letztere an den apikalen Rändern mit einzelnen, kurzen, abstehenden Borsten.

Thorax: Um ein Drittel länger als hoch, um drei Viertel höher als der Kopf und etwas schmäler als dieser, Oberseite stark gewölbt. Pronotum oben in der Mitte mit grübchenartigem Eindruck. Mesonotum kaum breiter als lang, vor den Tegulae gleichmäßig gerundet, glatt, vorne am Absturz fein und dicht punktiert und behaart, matt; Notauli vorne eingedrückt und glatt, auf der Scheibe erloschen, reichen an den Vorderrand, Rückengrübchen strichförmig verlängert, Seiten bis nahe an den Vorderrand gerandet. Praescutellarfurche ziemlich tief und krenuliert, seitlich nicht abgekürzt, trennt die Axillae vom Scutellum ab. Scutellum und Postscutellum glatt. Propodeum mäßig fein runzelig, matt. Seite des Prothorax glatt, vordere Furche breit und mit zahlreichen Längsleistchen, hintere schmal gekerbt. Mesopleurum glatt, Sternaulus schwach eingedrückt, glatt, vordere Mesopleuralfurche runzelig, hintere nur unten punktiert, sonst einfach. Metapleurum in der Mitte glänzend, sonst runzelig punktiert. Beine schlank, Hinterschenkel fünfmal so lang wie breit.

Flügel: Stigma verhältnismäßig schmal, nach beiden Seiten etwa gleichmäßig verjüngt, *r* entspringt etwas vor der Mitte, *r1* fast länger als die Stigmabreite, einen stumpfen Winkel mit *r2* bildend, *r2* ganz wenig kürzer als *cuqu1*, *r3* fast gerade, dreieinhalbmal so lang wie *r2*, *R* reicht noch an die Flügelspitze, *n.rec.* postfurkal, *Cu2* nach außen schwach verengt, *d* fast um die Hälfte länger als *n.rec.*, *d* und *n.rec.* ziemlich gerade und einen scharfen Winkel bildend, *nv* schwach postfurkal, *B* geschlossen, *n.par.* entspringt aus der Mitte von *B; n.rec.* im Hinterflügel fehlend.

Abdomen: Erstes Tergit um ein Drittel länger als hinten breit, Seitenränder in der rückwärtigen Hälfte parallel, dann ziemlich stark konvergierend, mit schwach entwickelten Stigmen vor der Mitte der Seitenränder, die seitlichen Kiele in der vorderen Hälfte nach rückwärts stark konvergierend, das ganze Tergit glänzend, nur mit Spuren einer längsstreifigen Skulptur. Der Rest des Abdomens ohne Skulptur.

Färbung: Kopf und Thorax schwarz. Rotbraun sind: Scapus, Pedicellus, Vorderrand des Clypeus, Mundwerkzeuge, alle Beine, Tegulae und das ganze Abdomen einschließlich dem ersten Tergit. Hintertarsen und der größte Teil der Flügelnervatur braun. Stigma rotbraun. Flügel ganz schwach getrübt, fast hyalin.

Absolute Körperlänge: 4,1 mm.

Relative Größenverhältnisse: Körperlänge = 112. Kopf. Breite = 28, Länge = 15, Höhe = 20, Augenlänge = 7, Augenhöhe = 13, Schläfenlänge = 8, Gesichtshöhe = 12, Gesichtsbreite = 15, Palpenlänge = 22, Fühlerlänge = 165. Thorax. Breite = 25, Länge = 45, Höhe = 34, Hinterschenkellänge = 25, Hinterschenkelbreite = 5. Flügel. Länge = 130, Breite = 55, Stigmalänge = 30, Stigmabreite = 5, *r1* = 6, *r2* = 12, *r3* = 43, *cuqu1* = 14, *cuqu2* = 6, *cu1* = 12, *cu2* = 22, *cu3* = 38, *n.rec.* = 9, *d* = 13. Abdomen. Länge = 52, Breite = 20; 1. Tergit Länge = 14, vordere Breite = 6, hintere Breite = 11.

♀. – Unbekannt.

Untersuchtes Material: Kashmir, Gulmarg, 21. VI. 81, FLETCHER coll., 1 ♂. – Kashmir, Gulmarg, Summer 1913. Lt – Col. F. W. THOMSON. 1914 – 182, 1 ♂.

Holotype: Das erstgenannte ♂ im British Museum, Nat. Hist. in London.

Anmerkung: Steht dem *Opius borneensis* FI. am nächsten und unterscheidet sich von diesem etwa durch folgende Merkmale: Vorderrand des Clypeus doppelt geschwungen, an drei Stellen nach vorne gebuchtet; *n.rec.* postfurkal; erstes Tergit glänzend, nur mit Spuren einer Skulptur; Abdomen ganz rotbraun.

Opius kraussi FULL.

Opius kraussi FULLAWAY, Proc. Hawaii ent. Soc. 14, 1951, p. 249, ♀♂.
Opius kraussi, FISCHER, Acta ent. Mus. Nat. Pragae 35, 1963, p. 233, ♀♂.

Opius lantanae BRIDW.

Opius lantanae BRIDWELL, Proc. Hawaii ent. Soc. 4, 1919, p. 170, ♀♂.
Opius lantanae, FISCHER, Acta ent. Mus. Nat. Pragae 35, 1963, p. 218, ♀♂.

Opius lepidus GAH.

Opius lepidus GAHAN, Phil. J. Sci. 27, 1925, p. 86, ♀.
Opius lepidus, FISCHER, Acta ent. Mus. Nat. Pragae 35, 1963, p. 204, ♀.

Opius leveri FULL.

Opius leveri FULLAWAY, Proc. ent. Soc. Wash. 55, 1953, p. 309, ♀♂.
Opius leveri, FISCHER, Acta ent. Mus. Nat. Pragae 35, 1963, p. 219, ♀♂.

Opius longicaudatus (ASHM.)

Biosteres longicaudatus ASHMEAD, Proc. U.S. Nat. Mus. 28, 1905, p. 970, ♀.
Opius longicaudatus, FISCHER, Z. Arbeitsgem. öst. Ent. 12, 1960, p. 91, ♀♂.
Opius longicaudatus, FISCHER, Acta ent. Mus. Nat. Pragae 35, 1963, p. 234.

Als Subspecies sind folgende Formen aufzufassen:

Opius longicaudatus taiensis FULL.

Opius longicaudatus var. *taiensis* FULLAWAY, Proc. ent. Soc. Wash. 55, 1953, p. 313, ♀♂.
Opius longicaudatus taiensis, FISCHER, Acta ent. Mus. Nat. Pragae 35, 1963, p. 235, ♀♂.

Opius longicaudatus compensans (SILV.)

Biosteres compensans SILVESTRI, Boll. Lab. Zool. gen. agr. Portici 11, 1916, p. 168, ♀♂.
Opius longicaudatus compensans, FISCHER, Acta ent. Mus. Nat. Pragae 35, 1963, p. 235.

Ferner sind einige Farbvarietäten (speziell zur Orientierung für die Züchter) beschrieben worden:

Biosteres formosanus FULLAWAY, Proc. Hawaii ent. Soc. 6, 1926, p. 283, ♀♂.
Opius watersi FULLAWAY, Proc. Hawaii ent. Soc. 6, 1926, p. 249, ♀♂.
Opius longicaudatus var. *chocki* FULLAWAY, Proc. ent. Soc. Wash. 55, 1953, p. 310, ♀♂.
Opius longicaudatus var. *malaiaensis* FULLAWAY, Proc. ent. Soc. Wash. 55, 1953, p. 312, ♀♂.
Opius longicaudatus var. *novocaledonicus* FULLAWAY, Proc. ent. Soc. Wash. 55, 1953, p. 311, ♀♂.

Opius longipalpalis n. sp.

♂. – Kopf: Doppelt so breit wie lang, glatt, Augen vorstehend, Augen und Schläfen in gemeinsamer Flucht gerundet, Schläfen von ein Drittel Augenlänge, Stirn und Scheitel seitlich mit feinsten Haaren, Hinterhaupt gebuchtet; Ocellen etwas vortretend, der Abstand zwischen ihnen so groß wie ein Ocellusdurchmesser, der Abstand des äußeren Ocellus vom inneren Augenrand so groß wie die Breite des Ocellarfeldes. Gesicht verhältnismäßig schmal, quadratisch, glänzend, nur in der Nähe der Augenränder fein chagriniert, sonst glänzend und feinst punktiert und fein, hell behaart, Mittelkiel kaum ausgebildet; Clypeus verhältnismäßig hoch, etwas gewölbt, glatt, vorne aufgebogen und schwach eingezogen; Paraclypealgrübchen voneinander doppelt so weit entfernt wie vom Augenrand. Augen groß, nehmen den größten Teil der Kopfseiten ein. Wangen so lang wie die basale Mandibelbreite. Mund offen, Mandibeln gegen die Basis verbreitert, aber nicht jäh erweitert, Maxillartaster länger als die Kopfhöhe, reichen bis an die Hinterhüften. Fühler fadenförmig, fast doppelt so lang wie der Körper, 31-32gliedrig; drittes Fühlerglied viermal so lang wie breit, die folgenden langsam kürzer werdend, das vorletzte doppelt so lang wie breit; die Geißelglieder langgestreckt, deutlich gerieft, kurz behaart und mit abstehenden Borsten.

Thorax: Um zwei Fünftel länger als hoch, nur wenig höher als der Kopf und wenig schmäler als dieser, Oberseite schwach gewölbt. Mesonotum um ein Drittel breiter als lang, Seiten bis zu den Schulterecken fast geradlinig konvergierend, vorne gerade abgestutzt, glatt, vorne am Absturz runzelig punktiert und behaart; Notauli vorne ziemlich tief eingedrückt, aber verkürzt, reichen weder an den Vorderrand noch auf die Scheibe, ihr gedachter Verlauf durch je eine Schar feiner Haare angedeutet, Rückengrübchen vorhanden, aber verschwindend klein, Seiten an den Tegulae deutlich gerandet, vorne nicht gerandet, die Fortsetzung der Randfurche mit ihrem Übergang in den Notaulus durch eine Reihe von Haaren angedeutet. Praescutellarfurche mit einer Reihe von Längsleistchen. Scutellum und Postscutellum glatt. Propodeum größtenteils glatt, uneben, glänzend; in der Mitte mit gebogenem Querkiel, vor diesem ein kurzer Längskiel, hinter ihm vier Längskiele, so daß das Propodeum in fünf Felder geteilt ist; entlang der Kiele teilweise eine runzelige Skulptur sichtbar. Seite des Prothorax glatt, vordere Furche mit Spuren einer Krenulierung. Mesopleurum glatt, Sternaulus lang und schmal, scharf gekerbt, alle übrigen Furchen einfach. Metapleurum glatt, mit längeren, hellen Haaren. Beine schlank, Hinterschenkel sechsmal so lang wie breit, unregelmäßig geformt.

Flügel: Stigma keilförmig, *r* entspringt aus dem vorderen Drittel, *r1* halb so lang wie die Stigmabreite, ohne Winkel in *r2* übergehend, *r2* um zwei Drittel länger als *cuqu1*, *r3* nach außen geschwungen, um zwei Drittel länger als *r2*, *R* reicht reichlich an die Flügelspitze, *n.rec.* postfurkal, *Cu2* nach außen verengt, *d* nur unbedeutend länger als *n.rec.*, *nv* fast interstitial, *B* geschlossen, *n.par.* entspringt aus der Mitte von *B; n.rec.* im Hinterflügel fehlend.

Abdomen: Erstes Tergit fast doppelt so lang wie hinten breit, nach vorne nur schwach und gleichmäßig verjüngt, teilweise glänzend, teilweise unregelmäßig runzelig, mit schwachen Kielen in der vorderen Hälfte, die sich dann in der Skulptur verlieren. Der Rest des Abdomens glatt.

Färbung: Schwarz. Gelb sind: Scapus, Pedicellus, Clypeus, Mundwerkzeuge, alle Beine, ein Fleck an der oberen Ecke des Mesopleurums, Tegulae und Flügelnervatur. Taster weißlich. Hinterschenkel, Hinterschienen und Hintertarsen mehr oder weniger gebräunt. Abdomen hinter dem ersten Tergit mehr oder weniger braun. Flügel hyalin.

Absolute Körperlänge: 2,4 mm.

Relative Größenverhältnisse: Körperlänge = 66, Kopf. Breite = 19, Länge = 9, Höhe = 13, Augenlänge = 6,5, Augenhöhe = 10, Schläfenlänge = 2,5, Gesichtshöhe = 9, Gesichtsbreite = 10, Palpenlänge = 18, Fühlerlänge = 110. Thorax. Breite = 17, Länge = 25, Höhe = 15, Hinterschenkellänge = 17, Hinterschenkelbreite = 3. Flügel. Länge = 80, Breite = 39, Stigmalänge = 20, Stigmabreite = 4, *r1* = 2, *r2* = 15, *r3* = 20, *cuqu1* = 9, *cuqu2* = 4, *cu1* = 8, *cu2* = 19, *cu3* = 19, *n.rec.* = 6, *d* = 7. Abdomen Länge = 32, Breite = 17; 1. Tergit Länge = 11, vordere Breite = 4, hintere Breite = 6.

♀. – Vom ♂ nicht verschieden. Bohrer nicht vorstehend, Fühler an dem vorliegenden Exemplar 30gliedrig.

Untersuchtes Material: Ilong Mt. Halcon, 4500', Mdro. Or. V-11, '54, Phil. M. & D. TOWNES, 1 ♀, 8 ♂♂.

Holotype: 1 ♂ in der Sammlung TOWNES im Museum of Zoology in Ann Arbor, Mich., USA.

Opius lumpurensis n. sp. (Abb. 35–39)

♀. – Kopf: Doppelt so breit wie lang, glatt, Augen stark vortretend, hinter den Augen stark verengt, Schläfen von ein Drittel Augenlänge, Hinterhaupt fast gerade; Ocellen vortretend, der Abstand zwischen ihnen so groß wie ein Ocellusdurchmesser, der Abstand des äußeren Ocellus vom inneren Augenrand so groß wie die Breite des Ocellarfeldes. Gesicht nur eine Spur breiter als hoch, glatt, mit recht langen, hellen Haaren schütter besetzt, die Punktur kaum erkennbar, mit deutlichem Mittelkiel,

Augenränder nach unten nur sehr schwach divergierend; Clypeus um die Hälfte breiter als hoch, schwach gewölbt, durch einen deutlichen, halbkreisförmigen Eindruck vom Gesicht getrennt, glatt, ebenso behaart wie das Gesicht, vorne etwas eingezogen; Paraclypealgrübchen voneinander zweimal so weit entfernt wie vom Augenrand. Wangen so lang wie die basale Mandibelbreite. Mund offen, Mandibeln an der Basis nicht erweitert, Maxillartaster so lang wie die Kopfhöhe. Fühler fadenförmig, um ein Drittel länger als der Körper, 31gliedrig; drittes Fühlerglied dreimal so lang wie breit, die folgenden langsam kürzer werdend, das vorletzte um die Hälfte länger als breit; die Geißelglieder deutlich voneinander abgesetzt, dicht gerieft, dicht behaart, die Haare nicht ganz so lang wie die Breite der Geißelglieder.

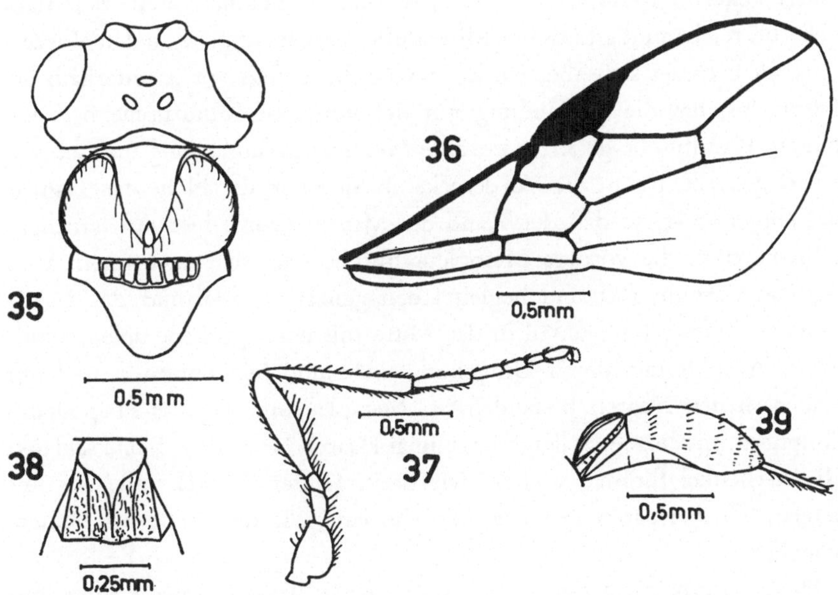

Abb. 35. *Opius lumpurensis* n. sp. – Kopf, Mesonotum und Scutellum von oben.
Abb. 36. *Opius lumpurensis* n. sp. – Vorderflügel.
Abb. 37. *Opius lumpurensis* n. sp. – Hinterbein.
Abb. 38. *Opius lumpurensis* n. sp. – Erstes Abdominaltergit.
Abb. 39. *Opius lumpurensis* n. sp. – Abdomen in Seitenansicht.

Thorax: Um ein Drittel länger als hoch, um die Hälfte höher als der Kopf und merklich schmäler als dieser, Oberseite stark gewölbt. Pronotum oben in der Mitte mit grübchenartigem Eindruck. Mesonotum um ein Drittel breiter als lang, vor den Tegulae gleichmäßig gerundet, ganz glatt; Notauli vorne tief eingedrückt, gekrümmt, glatt, reichen auf die Scheibe, reichen als flache Eindrücke sogar bis an das Rückengrübchen, diese Eindrücke von je einer Schar von langen, feinen Haaren bestanden, Rückengrübchen punktförmig, tief, Seiten überall stark gerandet, gehen vorne in die Notauli über, sie sind mit längeren Borstenhaaren besetzt. Praescutellarfurche tief und in der Tiefe mit einigen scharfen Längsleistchen. Axillae an den Seiten scharf gerandet und hinten mit je einem nach rückwärts gerichteten Zähnchen. Scutellum glatt. Postscutellum in der Tiefe mit scharfen Längsleistchen. Propodeum grob, irregulär runzelig, matt. Seite des Prothorax glatt, beide Furchen schmal, aber deutlich und scharf gekerbt. Mesopleurum glatt, Sternaulus ziemlich breit, tief, stark gekerbt, reicht an die Basis der Mittelhüfte, aber nicht ganz an den Vorderrand, es befindet sich aber ein kleines Grübchenfeld vorne unterhalb des Sternaulus, das die Verbindung mit der vorderen Randfurche herstellt, hintere Randfurche gekerbt; vordere Mesopleuralfurche lang und schmal, scharf gekerbt, trennt die Vorderecke ab, sie ist in der Nähe der Tegulae tief eingedrückt, so daß der Rand des Mesopleurums hier fast lamellenartig vortritt; die vordere Mesopleuralfurche setzt sich nach unten auch auf das Sternum fort und begleitet den ganzen Vorderrand des Mesothorax; Mesosternum unten in der Mitte mit einer großen, tiefen, rundlichen Aushöhlung, deren Umgebung dicht und fein punktiert und mit langen, hellen Haaren bestanden ist. Metapleurum wie das Propodeum skulptiert, mit einzelnen längeren, feinen Haaren bestanden. Beine schlank, Hinterschenkel fünfmal so lang wie breit, Hinterschenkel unterseits mit langen, feinen Haaren versehen; diese so lang wie die Breite des Hinterschenkels.

Flügel: Verhältnismäßig breit. Stigma breit, halbeiförmig, *r* entspringt aus der Mitte, *r1* sehr kurz, ohne Winkel in *r2* übergehend, *r2* um zwei Drittel länger als *cuqu1*, *r3* nur schwach nach außen geschwungen, um die Hälfte länger als *r2*, *R* reicht an die Flügelspitze, *n.rec.* sehr stark postfurkal, der Abschnitt von *cu* zwischen *n.rec.* und *cuqu1* nur wenig kürzer als *n.rec.*, *Cu2* nach außen stark verengt, *d* doppelt so lang wie *n.rec.*, *n.rec.* geht im Bogen in *cu1* über, *nv* fast interstitial, *B* geschlossen, *n.par.* entspringt aus der Mitte von *B*; *n.rec.* im Hinterflügel angedeutet.

Abdomen: Erstes Tergit nur ganz wenig länger als hinten breit, nach vorne ziemlich stark und geradlinig verjüngt, im vorderen Drittel mit zwei seitlichen Kielen, der Raum zwischen diesen glatt, von diesem Feld ziehen drei parallele Kiele nach rückwärts bis an den Hinterrand, der mediane Raum etwas erhaben und uneben bis runzelig, die lateralen Felder zum Teil stark uneben. Der Rest des Abdomens ohne Skulptur. Bohrer von ein Drittel Hinterleibslänge.

Färbung: Schwarz. Gelb sind: Scapus, Pedicellus, Taster, alle Beine, Tegulae und die Flügelnervatur. Clypeus und Mandibeln braun. Hinterschienenspitzen und Hintertarsen gebräunt. Flügel fast hyalin.

Absolute Körperlänge: 2,7 mm.

Relative Größenverhältnisse: Körperlänge = 73. Kopf. Breite = 23, Länge = 11, Höhe = 16, Augenlänge = 8, Augenhöhe = 12, Schläfenlänge = 3, Gesichtshöhe = 11, Gesichtsbreite = 12, Palpenlänge = 16, Fühlerlänge = 95. Thorax. Breite = 19, Länge = 31, Höhe = 23, Hinterschenkellänge = 19, Hinterschenkelbreite = 4. Flügel. Länge = 80, Breite = 40, Stigmalänge = 11, Stigmabreite = 5, *r1* = 1,5, *r2* = 15, *r3* = 23, *cuqu1* = 9, *cuqu2* = 4, *cu1* = 10, *cu2* = 19, *cu3* = 19, *n.rec.* = 5, *d* = 11. Abdomen. Länge = 31, Breite = 22, 1. Tergit Länge = 14, vordere Breite = 6, hintere Breite = 12; Bohrerlänge = 11.

♂. – Unbekannt.

Untersuchtes Material: Malaya, Kuala Lumpur, Jan. 19th, 1925, Ex F. M. S. Museum. B.M. 1955 – 354, 1 ♀, Holotype, im British Museum, Nat. Hist. in London.

Anmerkung: An dieser Art ist besonders der große Eindruck auf der Unterseite des Mesothorax bemerkenswert. Dieser könnte eventuell als Genusmerkmal gewertet werden, wenn dieses Merkmal einmal genauer untersucht sein wird. Ferner ist die Randung der Axillae mit ihrem kleinen, nach rückwärts gerichteten Zahn bemerkenswert. Ansonsten steht die Art dem *Opius lepidus* GAHAN am nächsten, von dem sie durch zahlreiche Merkmale unterschieden ist, z. B.: Körper schwarz, Gesicht quadratisch, Fühler etwa 30gliedrig, Postscutellum in der Tiefe mit zahlreichen Kerben, Propodeum grob runzelig, Stigma breit, eiförmig, zweites Tergit glatt.

Opius maculipennis END.

Opius maculipennis ENDERLEIN, Ent. Mitt. Berlin 1, 1912, p. 262, ♂.
Opius maculipennis, FISCHER, Acta ent. Mus. Nat. Pragae 35, 1963, p. 206, ♀♂.

Opius manii FULL.

Opius manii FULLAWAY, Proc. Hawaii ent. Soc. 14, 1951, p. 246, ♀♂.
Opius manii, FISCHER, Acta ent. Mus. Nat. Pragae 35, 1963, p. 208, ♀♂.

Opius manilensis FI.

Opius manilensis FISCHER, Acta ent. Mus. Nat. Pragae 35, 1963, p. 220, ♀♂.

Opius marangensis FI.

Opius marangensis FISCHER, Ann. Mus. Civ. Stor. Nat. Genova 73, 1962, p. 89, ♀.

Opius matheranus n. sp.

♂. – Kopf: Doppelt so breit wie lang, glatt, Augen nicht vorstehend, hinter den Augen ebenso breit wie zwischen den Augen, Schläfen so lang wie die Augen, diese kaum verengt, Hinterhaupt mäßig stark gebuchtet; Ocellen nicht vortretend, der Abstand zwischen ihnen größer als ein Ocellusdurchmesser, der Abstand des äußseren Ocellus vom inneren Augenrand um ein Drittel größer als die Breite des Ocellarfeldes. Gesicht so breit wie hoch, glatt, äußerst fein behaart, Mittelkiel kaum erkennbar; Clypeus vom Gesicht überhaupt nicht getrennt, ganz glatt, in gleicher Ebene wie das Gesicht liegend, Vorderrand in der Mitte vorgezogen; Paraclypealgrübchen voneinander doppelt so weit entfernt wie vom Augenrand. Wangen so lang wie die basale Mandibelbreite. Mund geschlossen, Mandibeln an der Basis deutlich erweitert, Maxillartaster so lang wie die Kopfhöhe. Fühler fadenförmig, um die Hälfte länger als der Körper, 24-26gliedrig; drittes Fühlerglied zweieinhalbmal so lang wie breit, die folgenden nur unbedeutend kürzer werdend, das vorletzte doppelt so lang wie breit; alle Geißelglieder langgestreckt, undeutlich voneinander abgesetzt, kurz behaart und schwach gerieft.

Thorax: Um ein Drittel länger als hoch, um ein Viertel höher als der Kopf und etwas schmäler als dieser, Oberseite gewölbt. Mesonotum so breit wie lang, Seiten vor den Tegulae bis zu den Vorderecken schwach bogenförmig konvergierend, glatt, nur der Mittellappen besonders vorne mit zahlreichen feinsten Haaren versehen; Notauli vorne ausgebildet und in der Tiefe fein gekerbt, reichen nicht auf die Scheibe, Rückengrübchen schwach verlängert, Seiten überall gerandet, die Randfurchen gehen vorne in die Notauli über. Praescutellarfurche schmal, seitlich nicht abgekürzt und krenuliert. Scutellum glatt. Postscutellum ohne Skulptur. Propodeum fein runzelig. Seite des Prothorax glatt, vordere Furche fein gekerbt. Mesopleurum ohne Skulptur, Sternaulus schmal, mit einigen queren Leistchen, reicht weder an den Vorder- noch an den Hinterrand, die übrigen Furchen einfach. Metapleurum glatt. Beine schlank, Hinterschenkel fünfmal so lang wie breit.

Flügel: Stigma keilförmig, *r* entspringt aus dem vorderen Drittel, *r1* fast so lang wie die Stigmabreite, einen stumpfen Winkel mit *r2* bildend, *r2* um die Hälfte länger als *cuqu1*, *r3* gerade, fast dreimal so lang wie *r2*, *R* reicht an die Flügelspitze, *n.rec.* deutlich antefurkal, *Cu2* parallelseitig, *d* kaum länger als *n.rec.*, *nv* um die eigene Breite postfurkal, *B* geschlossen, *n.par.* entspringt aus der Mitte von *B; n.rec.* im Hinterflügel fehlend.

Abdomen: Erstes Tergit um die Hälfte länger als hinten breit, nach vorne gleichmäßig verjüngt, ziemlich regelmäßig längsgestreift, die zwei etwas einander genäherten Längskiele gehen in die Streifung über, die seitlichen Tuberkel nur schwach entwickelt. Der Rest des Abdomens ohne Skulptur.

Färbung: Dunkelbraun. Gelb sind: Scapus, Pedicellus, Clypeus, Mundwerkzeuge mit Ausnahme der Mandibelspitzen, alle Beine, Tegulae, Flügelnervatur, die Mitte des Abdomens und die vordere Hälfte der Unterseite des Abdomens. Flügel hyalin.

Absolute Körperlänge: 1,9 mm.

Relative Größenverhältnisse: Körperlänge = 51. Kopf. Breite = 14; Länge = 7, Höhe = 11, Augenlänge = 3,5, Augenhöhe = 6, Schläfenlänge = 3,5, Gesichtshöhe = 8, Gesichtsbreite = 8, Palpenlänge = 12, Fühlerlänge = 70. Thorax. Breite = 11, Länge = 19, Höhe = 14, Hinterschenkellänge = 12, Hinterschenkelbreite = 2,5. Flügel. Länge = 60, Breite = 27, Stigmalänge = 20, Stigmabreite = 4, *r1* = 3, *r2* = 8, *r3* = 22, *cuqu1* = 5, *cuqu2* = 2, *cu1* = 5, *cu2* = 10, *cu3* = 20, *n.rec.* = 4, *d* = 4,5. Abdomen. Länge = 25, Breite = 12; 1. Tergit Länge = 8, vordere Breite = 2,5, hintere Breite = 5.

♀. – Unbekannt.

Untersuchtes Material: India or., BIRÓ 1902, Matheran 800 m, 2 ♂♂, eines davon die Holotype im Naturwissenschaftlichen Museum in Budapest.

Opius nanulus n. sp. (Abb. 40,41)

♀. – Kopf: Doppelt so breit wie lang, glatt, Augen deutlich vorstehend, hinter den Augen gerundet verengt, Schläfen halb so lang wie die Augen, Hinterhaupt merklich gebuchtet; der Bereich des Gesichtes von oben gesehen etwas vorgewölbt; Ocellen nicht vortretend, der Abstand zwischen ihnen so groß wie ein Ocellusdurchmesser, der Abstand des äußeren Ocellus vom inneren Augenrand un ein Drittel größer als die Breite des Ocellarfeldes. Gesicht um ein Drittel breiter als hoch, glatt und glänzend, mit feinsten, haartragenden Punkten schütter besetzt, Mittelkiel fast nicht angedeutet, Augenränder parallel; Clypeus zweimal so breit wie hoch, durch eine halbkreisförmige Linie vom Gesicht abgesetzt, schwach gewölbt, vorne etwas eingezogen, glatt, keine Punktur erkennbar; Paraclypealgrübchen voneinander nur um ein Drittel weiter entfernt als vom Augenrand. Wangen länger als die basale Mandibelbreite. Mund offen, Mandibeln an der Basis nicht erweitert, Maxillartaster etwas länger als die Kopfhöhe,

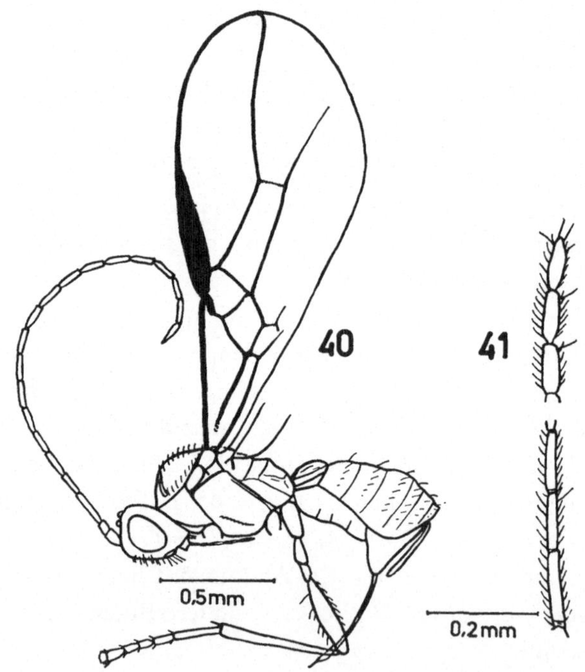

Abb. 40. *Opius nanulus* n. sp. – Körper in Seitenansicht.
Abb. 41. *Opius nanulus* n. sp. – Basis und Ende der Fühlergeißel.

reichen bis zur Basis der Mittelhüften. Fühler fadenförmig bis schwach borstenförmig, um zwei Drittel länger als der Körper, 20gliedrig; alle Geißelglieder langgestreckt, die basalen Glieder schmäler als die folgenden; drittes Fühlerglied fünfmal so lang wie breit, die folgenden nur langsam kürzer werdend, die Geißelglieder durchschnittlich dreimal so lang wie breit, auch das vorletzte dreimal so lang wie breit; die Geißelglieder nur schwach voneinander abgesetzt, schwach gerieft, die Behaarung so lang wie die Breite der Geißelglieder.

Thorax: Um die Hälfte länger als hoch, nur eine Spur höher und ganz wenig schmäler als der Kopf, Oberseite flach, mit der Unterseite parallel. Mesonotum etwas breiter als lang, vor den Tegulae gleichmäßig gerundet, glatt; Notauli nur in den Vorderecken als kleine Grübchen ausgebildet, reichen nicht an den Vorderrand, auf der Scheibe fehlend, ihr gedachter Verlauf durch je eine Reihe feiner Härchen angedeutet, Rückengrübchen fehlt, Seiten nur an den Tegulae gerandet. Praescutellarfurche fein gekerbt. Scutellum glatt. Postscutellum ohne Skulptur. Propodeum glatt, mit einem ziemlich starken Querkiel hinter der Mitte, hinter diesem mit zwei parallelen Längskielen, so daß drei viereckige Felder entstehen. Seite des Thorax glatt, Sternaulus linienförmig eingedrückt und mit feinsten Kerben, alle übrigen Furchen einfach. Beine schlank, Hinterschenkel fünfmal so lang wie breit.

Flügel: Stigma keilförmig, *r* entspringt aus dem vorderen Fünftel, *r1* von ein Drittel Stigmabreite, ohne Winkel in *r2* übergehend, *r2* gut doppelt so lang wie *cuqu1*, *r3* nach außen geschwungen, nicht ganz doppelt so lang wie *r2*, *R* reicht reichlich an die Flügelspitze, *n.rec.* postfurkal, *Cu2* nach außen etwas verengt, *d* so lang wie *n.rec.*, *nv* interstitial, *B* geschlossen, *n.par.* entspringt eine Spur unter der Mitte von *B; n.rec.* im Hinterflügel fehlend.

Abdomen: Erstes Tergit um die Hälfte länger als hinten breit, nach vorne gleichmäßig verjüngt, mit zwei geschwungenen Kielen, die bis an den Hinterrand reichen, der Raum zwischen den Kielen schwach runzelig, die lateralen Felder glänzend, die seitlichen Tuberkel schwach entwickelt. Der Rest des Abdomens ohne Skulptur. Bohrer eine Spur vorstehend, Bohrerklappen so lang wie das erste Tergit.

Färbung: Schwarz. Gelb sind: Scapus, Pedicellus, Clypeus, Mundwerkzeuge außer den Mandibelspitzen, Propleuren, alle Beine, Tegulae und Flügelnervatur. Flügel hyalin. Hinterleibsmitte gebräunt.

Absolute Körperlänge: 1,6 mm.

Relative Größenverhältnisse: Körperlänge = 42. Kopf. Breite = 12, Länge = 6, Höhe = 9, Augenlänge = 4, Augenhöhe = 6, Schläfenlänge = 2, Gesichtshöhe = 5, Gesichtsbreite = 7, Palpenlänge = 11, Fühlerlänge = 70.

Thorax. Breite = 10, Länge = 28, Höhe = 11, Hinterschenkellänge = 11, Hinterschenkelbreite = 2. Flügel. Länge = 60, Breite = 28, Stigmalänge = 15, Stigmabreite = 3, *r1* = 1, *r2* = 12, *r3* = 20, *cuqu1* = 5, *cuqu2* = 4, *cu1* = 5, *cu2* = 15, *cu3* = 15, *n.rec.* = 4, *d* = 4. Abdomen. Länge = 19, Breite = 12; 1. Tergit Länge = 6, vordere Breite = 3, hintere Breite = 4.

♂. – Vom ♀ nicht verschieden. Fühler 23gliedrig.

Untersuchtes Material: Taplejung Distr., Sangu, c. 6200'. Mixed vegetation by stream in gully. XI. 1961–I. 1962. Brit. Mus. East Nepal Exp. 1961 – 62. R. L. COE Coll. B.M. 1962 – 177, 1 ♀. – Mixed vegetation by stream in deep gully. I–II. 1962. Taplejung Distr., between Sangu and Tamrang. c. 5500'. Brit. Mus. East Nepal Exp. 1961 – 62. R. L. COE Coll. B. M. 1962 – 177, 1 ♂.

Holotype: Das ♀ im British Museum, Nat. Hist. in London.

Opius negrosanus n. sp.

♂. – Kopf: Doppelt so breit wie lang, glatt, Augen vorstehend, Augen und Schläfen in gemeinsamer Flucht gerundet, Schläfen halb so lang wie die Augen, Hinterhaupt nur schwach gebuchtet; Ocellen wenig vortretend, der Abstand voneinander so groß wie ein Ocellusdurchmesser, der Abstand des äußeren Ocellus vom inneren Augenrand um ein Fünftel größer als die Breite des Ocellarfeldes. Gesicht quadratisch, schwach gewölbt, glänzend, äußerst fein und ziemlich dicht punktiert, diese Punktierung aber nur bei sehr starker Vergrößerung sichtbar, Mittelkiel in der oberen Hälfte entwickelt und hier ziemlich scharf, Augenränder, parallel; Clypeus doppelt so breit wie hoch, halbkreisförmig, nur schwach gewölbt, fast in gleicher Ebene wie das Gesicht liegend, glänzend, vorne schwach eingezogen; Paraclypealgrübchen voneinander um die Hälfte weiter entfernt als von Augenrand. Wangen länger als die basale Mandibelbreite. Mund offen, Mandibeln an der Basis nicht erweitert, Maxillartaster so lang wie die Kopfhöhe. Fühler fadenförmig, um zwei Fünftel länger als der Körper, 25gliedrig; drittes Fühlerglied viermal so lang wie breit, die folgenden nur langsam kürzer werdend, das vorletzte Glied doppelt so lang wie breit; die Geißelglieder deutlich voneinander abgesetzt, kurz behaart, die Behaarung kürzer als die Breite der Geißelglieder, deutlich gerieft, von der Seite drei Sensillen sichtbar.

Thorax: Fast um die Hälfte länger als hoch, um ein Drittel höher als der Kopf und ebenso breit wie dieser, Oberseite flach, mit der Unterseite parallel. Mesonotum un ein Drittel breiter als lang, vor den Tegulae gleichmäßig gerundet, glatt bis feinst chagriniert, vorne am Absturz fein chagriniert; Notauli vorne tief eingedrückt, ohne Skulptur, reichen auf die Scheibe, erlöschen aber hier, ihr gedachter Verlauf durch je eine Schar haartragender Punkte angedeutet, Rückengrübchen schwach strichförmig verlängert, Seiten überall, aber fein gerandet, die Randfurchen gehen vorne in die Notauli über. Scutellum glatt bis feinst chagriniert. Postscutellum mit einigen Kerben. Propodeum mit einem starken Querkiel, vor diesem mit einem mittleren Längskiel, dahinter mit zwei nach rückwärts konvergierenden Kielen, die eine fünfseitige Areola begrenzen, der rückwärtige Teil abschüssig, das ganze Tergit glatt bis uneben. Seite des Prothorax glänzend, feinst chagriniert. Mesopleurum glänzend, äußerst fein punktiert-chagriniert, Sternaulus schwach eingedrückt, ohne Skulptur. Metapleurum glänzend, die vordere Randfurche fein gekerbt. Beine schlank, Hinterschenkel fünfmal so lang wie breit.

Flügel: Verhältnismäßig breit. Stigma ziemlich breit, dreieckig, *r* entspringt aus dem vorderen Drittel, *r1* nur wenig kürzer als die Stigmabreite, einen stumpfen Winkel mit *r2* bildend, *r2* um zwei Drittel länger als *cuqu1*, *r3* nach außen geschwungen, um zwei Drittel länger als *r2*, *R* reicht reichlich an die Flügelspitze, *n.rec.* stark postfurkal, der Abschnitt von *cu* zwischen *n.rec.* und *cuqu1* so lang wie *r1*, *Cu2* nach außen merklich verengt, *d* um die Hälfte länger als *n.rec.*, *d* und *n.rec.* einen sehr stumpfen Winkel bildend, *n.rec.* geht fast in gerader Linie in *cu2* über, *nv* interstitial, *B* nach außen merklich verbreitert, geschlossen, *n.par.* entspringt aus der Mitte von *B; n.rec.* im Hinterflügel fehlend.

Abdomen: Erstes Tergit um zwei Fünftel länger als hinten breit, mit zwei stark vortretenden seitlichen Tuberkeln in der Mitte der Seitenränder, letztere deutlich gerandet und nach vorne bis zu den Tuberkeln parallel verlaufend, dann geschwungen konvergierend; mit zwei starken, nach rückwärts im Bogen konvergierenden Kielen, die sich zu einem starken, bis an den Hinterrand reichenden Längskiel vereinigen; seitlich sind zwei geschwungene Längskiele ausgebildet; das ganze Tergit glänzend, uneben und ziemlich stark gewölbt. Der Rest des Abdomens glänzend, das zweite und dritte Tergit äußerst fein und dicht punktiert (mit dem Mikroskop etwa bei 200-facher Vergrößerung festzustellen); drittes Tergit kürzer als das zweite.

Färbung: Schwarz. Braun sind: Scapus, Pedicellus, Gesicht in der Nähe der Fühlerbasen, Clypeus, Mandibeln, Tegulae und Flügelnervatur. Gelb sind: Taster und alle Beine. Mandibelspitzen, Hintertarsen und alle Pulvillen dunkler. Flügel schwach gebräunt.

Absolute Körperlänge: 2,1 mm.

Relative Größenverhältnisse: Körperlänge = 57. Kopf. Breite = 17, Länge = 9, Höhe = 13, Augenlänge = 6, Augenhöhe = 8, Schläfenlänge = 3, Gesichtshöhe = 8, Gesichtsbreite = 9, Palpenlänge = 13, Fühlerlänge = 80. Thorax. Breite = 17, Länge = 25, Höhe = 17, Hinterschenkellänge = 14, Hinterschenkelbreite = 3. Flügel. Länge = 75, Breite = 39, Stigmalänge = 18, Stigmabreite = 4, *r1* = 3, *r2* = 13, *r3* = 22, *cuqu1* = 8, *cuqu2* = 5, *cu1* = 7,5, *cu2* = 20, *cu3* = 18, *n.rec.* = 5, *d* = 7,5. Abdomen. Länge = 23, Breite = 18; 1. Tergit Länge = 7, vordere Breite = 3, hintere Breite = 5.

♀. – Unbekannt.

Untersuchtes Material: Mt. Canalon 3600′, Negros Or., Phil. May 8, 1953, H. M. & D. TOWNES, 1 ♂, Holotype, in der Sammlung TOWNES im Museum of Zoology in Ann Arbor, Mich., USA.

Opius neopygmaeus n. sp.

♀. – Kopf: Doppelt so breit wie lang, glatt, Augen vorstehend, hinter den Augen gerundet verjüngt, Schläfen halb so lang wie die Augen, Hinterhaupt merklich gebuchtet; Ocellen fast nicht vorstehend, der Abstand zwischen ihnen so groß wie ein Ocellusdurchmesser, der Abstand des äußeren Ocellus vom inneren Augenrand wenig größer als die Breite des Ocellarfeldes. Gesicht um ein Drittel breiter als hoch, ganz glatt, Mittelkiel nicht ausgebildet, feinst behaart, die Punktur kaum erkennbar, Augenränder parallel; Clypeus zweieinhalbmal so breit wie hoch, durch eine deutliche Furche vom Gesicht getrennt, glänzend, nur schwach punktiert und behaart, merklich gewölbt, vorne gerade abgestutzt; Paraclypealgrübchen voneinander doppelt so weit entfernt wie vom Augenrand. Wangen eine Spur länger als die basale Mandibelbreite. Mund offen, Mandibeln an der Basis nicht erweitert, aber gegen die Basis merklich verbreitert, Maxillartaster länger als die Kopfhöhe. Fühler fadenförmig, um drei Viertel länger als der Körper, 23-24gliedrig; drittes Fühlerglied dreieinhalbmal so lang wie breit, die folgenden nur langsam kürzer werdend, das vorletzte zweimal so lang wie breit; die Geißelglieder schwach voneinander abgesetzt, deutlich gerieft und kurz behaart.

Thorax: Um ein Drittel länger als hoch, um die Hälfte höher als der

Kopf und wenig schmäler als dieser, Oberseite gewölbt. Pronotum oben in der Mitte mit grübchenförmiger Vertiefung. Mesonotum wenig breiter als lang, vor den Tegulae gleichmäßig gerundet, glatt; Notauli nur ganz vorne ausgebildet, reichen nicht an den Vorderrand, auf der Scheibe fehlend, ihr gedachter Verlauf durch je eine Schar feiner Härchen angedeutet, Rückengrübchen fehlt, Seiten nur an den Tegulae gerandet. Praescutellarfurche fein gekerbt. Scutellum glatt. Postscutellum glatt oder in der Tiefe mit feinsten Kerben. Propodeum glatt, längs der Mitte mit einem feinen Runzelstreifen, der bei zwei Exemplaren allerdings nur angedeutet ist. Seite des Thorax ganz glatt, Sternaulus schmal, krenuliert, reicht nicht ganz an den Vorderrand, alle übrigen Furchen einfach. Beine schlank, Hinterschenkel fünfmal so lang wie breit.

Flügel: Stigma keilförmig, *r* entspringt aus dem vorderen Drittel, *r1* sehr kurz, ohne Winkel in *r2* übergehend, *r2* um die Hälfte länger als *cuqu1*, *r3* nach außen geschwungen, zweimal so lang wie *r2*, *R* reicht reichlich an die Flügelspitze, *n.rec.* postfurkal, *Cu2* nach außen verengt, *d* um die Hälfte länger als *n.rec.*, *nv* interstitial, *B* geschlossen, *n.par.* entspringt unter der Mitte von *B*; *n.rec.* im Hinterflügel fehlend.

Abdomen: Erstes Tergit nur ganz wenig länger als hinten breit, Seitenränder im hinteren Drittel parallel, dann nach vorne konvergierend, gewölbt, ziemlich gleichmäßig runzelig, matt, die seitlichen Kiele in der vorderen Hälfte treten vorne stark vor und konvergieren nach rückwärts stark. Zweites Tergit mit zwei deutlichen Eindrücken an der Basis, hier kaum merklich chagriniert, der Rest des Tergites glatt. Drittes Tergit an der Basis fein runzelig. Der Rest des Abdomens ohne Skulptur. Bohrer kaum vorstehend.

Färbung: Schwarz. Gelb sind: Scapus, Pedicellus, Clypeus, Mundwerkzeuge, alle Beine, Tegulae, die Flügelnervatur und das zweite Tergit. Letzteres mehr bräunlich. Hinterschienenspitzen, Hintertarsen und alle Pulvillen dunkler. Flügel hyalin.

Absolute Körperlänge: 1,6 mm.

Relative Größenverhältnisse: Körperlänge = 44. Kopf. Breite = 15, Länge = 7, Höhe = 10, Augenlänge = 4,5, Augenhöhe = 7, Schläfenlänge = 2,5, Gesichtshöhe = 6, Gesichtsbreite = 8, Palpenlänge = 12, Fühlerlänge = 75. Thorax. Breite = 12, Länge = 19, Höhe = 14, Hinterschenkellänge = 14, Hinterschenkelbreite = 2,5. Flügel. Länge = 65, Breite = 30, Stigmalänge = 16, Stigmabreite = 3, *r1* = 1, *r2* = 11, *r3* = 22, *cuqu1* = 7, *cuqu2* = 3, *cu1* = 6, *cu2* = 15, *cu3* = 17, *n.rec.* = 4, *d* = 6. Abdomen. Länge = 18, Breite = 12; 1. Tergit Länge = 6, vordere Breite = 3, hintere Breite = 5.

♂. – Unbekannt.

Untersuchtes Material: Taplejung Distr., Edge of mixed forest above Sangu. c. 6500', 17. X.-1. XI. 1961, Brit. Mus. East Nepal Exp. 1961– 62. R. L. COE Coll. B.M. 1962 – 177, 1 ♀. – Mixed plants by damp cliff in deep river gorge. c. 5200', I.-II. 1962. Taplejung Distr. between Sangu and Tamrang. East Nepal Exp. 1961 – 62. R. L. COE Coll., B.M. 1962 – 177, 1 ♀. – Mossy ground under bushes by hill stream. 20. X. 1961. Taplejung Distr., between Sangu and Tamrang. c. 5500', Brit. Mus. East Nepal Exp. 1961 – 62. R. L. COE Coll., B.M. 1962 – 177, 1 ♀.

Holotype: Das erstzitierte ♀ im British Museum, Nat. Hist. in London.

Opius neosoma n. sp. (Abb. 42,43)

♀. – Kopf: Doppelt so breit wie lang, glatt, Augen vorstehend, Augen und Schläfen in gemeinsamer Flucht gerundet, Schläfen halb so lang wie die Augen, Hinterhaupt schwach gebuchtet; Ocellen wenig vortretend, der Abstand zwischen ihnen etwas größer als ein Ocellusdurchmesser, der Abstand des äußeren Ocellus vom inneren Augenrand so groß wie die Breite des Ocellarfeldes. Gesicht um ein Viertel breiter als hoch, glänzend, fein und schütter punktiert und fein behaart; mit schwachem Mittelkiel, Augenränder parallel; Clypeus fast in gleicher Ebene wie das Gesicht liegend, sichelförmig, durch einen deutlichen Einschnitt vom Gesicht getrennt, vorne schwach bogenförmig ausgeschnitten, ebenso punktiert wie das Gesicht; Paraclypealgrübchen voneinander doppelt so weit entfernt wie vom Augenrand. Wangen so lang wie die basale Mandibelbreite. Mund offen, Mandibeln an der Basis nicht erweitert, Maxillartaster etwas länger als die Kopfhöhe. Fühler fadenförmig, gut um die Hälfte länger als der Körper, 28gliedrig; drittes Fühlerglied dreimal so lang wie breit, die folgenden nur wenig kürzer werdend, das vorletzte doppelt so lang wie breit; die Geißelglieder deutlich gerieft und mäßig deutlich voneinander abgesetzt.

Thorax: Um die Hälfte länger als hoch, um ein Viertel höher als der Kopf und wenig schmäler als dieser, Oberseite nur flach gewölbt. Mesonotum etwas breiter als lang, vor den Tegulae gleichmäßig gerundet, ganz glatt; Notauli vorne eingedrückt und glatt, reichen nicht auf die Scheibe, ihr gedachter Verlauf durch je eine Schar feiner Härchen angedeutet, Rückengrübchen fehlt, Seiten nur an den Tegulae gerandet. Praescutellarfurche krenuliert. Der Rest des Thorax glatt und glänzend, Sternaulus eingedrückt, aber glatt, die übrigen Furchen einfach. Beine schlank, Hinterschenkel viermal so lang wie breit.

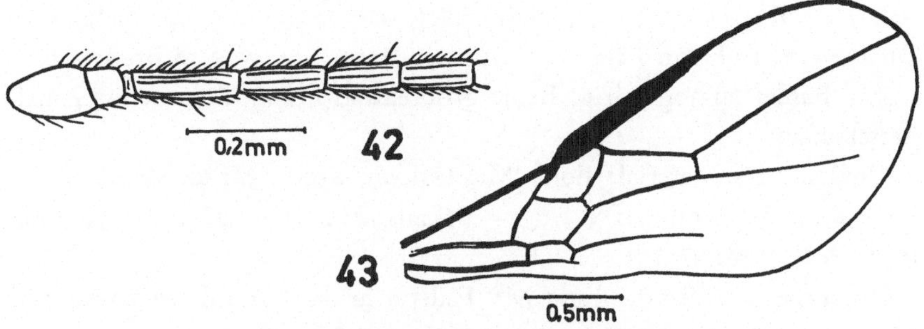

Abb. 42. *Opius neosoma* n. sp. – Fühlerbasis.
Abb. 43. *Opius neosoma* n. sp. – Vorderflügel.

Flügel: Stigma keilförmig, *r* entspringt aus dem vorderen Drittel, *r1* halb so lang wie die Stigmabreite, eine gerade Linie mit *r2* bildend, *r2* um zwei Drittel länger als *cuqu1*, *r3* nach außen geschwungen, zweieinhalbmal so lang wie *r2*, *R* reicht reichlich an die Flügelspitze, *n.rec.* stark postfurkal, *Cu2* nach außen verengt, *d* um die Hälfte länger als *n.rec.*, *nv* schwach postfurkal, *B* außen unten offen, *n.par.* geht im Bogen in *n.par.* über; *n.rec.* im Hinterflügel fehlend.

Abdomen: Erstes Tergit nur ganz wenig länger als hinten breit, nach vorne gleichmäßig verjüngt, gewölbt, mit zwei Kielen, die vorne lamellenartig vortreten, rückwärts aber parallel verlaufen und nahe an den Hinterrand heranreichen, das ganze Tergit glänzend bis schwach runzelig. Zweites Tergit so lang wie das dritte, stellenweise mit äußerst schwachen Spuren einer Chagrinierung, die kaum erkennbar ist. Sonst ist der Hinterleib glatt. Bohrer versteckt.

Färbung: Dunkelbraun bis schwarz. Gelb sind: Basis des dritten Fühlergliedes, Flecke an den oberen Augenrändern, Mandibeln außer ihren Spitzen, alle Beine, Flügelnervatur und die Unterseite des Abdomens vorne. Hinterschienenspitzen, Hintertarsen und die Klauenglieder aller Beine verdunkelt. Tegulae dunkelbraun. Palpen weißlich. Flügel hyalin.

Absolute Körperlänge: 2,1 mm.

Relative Größenverhältnisse: Körperlänge = 58. Kopf. Breite = 17,

Länge = 8, Höhe = 12, Augenlänge = 5,5, Augenhöhe = 8, Schläfenlänge = 2,5, Gesichtshöhe = 7, Gesichtsbreite = 9, Palpenlänge = 15, Fühlerlänge = 95. Thorax. Breite = 15, Länge = 22, Höhe = 15, Hinterschenkellänge = 14, Hinterschenkelbreite = 3,5. Flügel. Länge = 75, Breite = 35, Stigmalänge = 20, Stigmabreite = 3, *r1* = 1,5, *r2* = 12, *r3* = 30, *cuqu1* = 7, *cuqu2* = 3,5, *cu1* = 7, *cu2* = 15, *cu3* = 25, *n.rec.* = 4,5, *d* = 7. Abdomen. Länge = 28, Breite = 16; 1. Tergit Länge = 7, vordere Breite = 4, hintere Breite = 6.

♂. – Fühler 29-30gliedrig, Beine größtenteils braun. Sonst vom ♀ nicht verschieden.

Untersuchtes Material: Ilong Mt. Halcon, 4500′, Mrdo. Or., V-11-54, Phil., M. & D. TOWNES, 1 ♀, 1 ♂. – Benaue, Mt. Prov. XII. 30. ’53, Phil., H., M. & D. TOWNES, 1 ♂.

Holotype: Das ♀ von Ilong Mt. Halcon in der Sammlung TOWNES im Museum of Zoology in Ann Arbor, Mich., USA.

Opius nepalensis n. sp.

♀. – Kopf: Doppelt so breit wie lang, glatt, Augen vorstehend, hinter den Augen stark gerundet verengt, Schläfen von ein Drittel Augenlänge, Hinterhaupt nur schwach gebuchtet; Ocellen kaum vortretend, der Abstand zwischen ihnen größer als ein Ocellusdurchmesser, der Abstand des äußeren Ocellus vom inneren Augenrand so groß wie die Breite des Ocellarfeldes. Gesicht quadratisch, glatt und glänzend, nur mit äußerst feinen Härchen spärlich bestanden, keine Punktur erkennbar, Mittelkiel kaum angedeutet, Augenränder fast parallel; Clypeus um die Hälfte breiter als hoch, nur schwach gewölbt, halbkreisförmig, durch eine sehr feine Linie vom Gesicht getrennt, glatt, vorne gerade abgestutzt; Paraclypealgrübchen voneinander zweimal so weit entfernt wie vom Augenrand. Wangen so lang wie die basale Mandibelbreite. Mund offen, Mandibeln an der Basis nicht erweitert, gegen die Basis aber stark verbreitert, und zwar infolge einer Erweiterung an der Oberseite, Maxillartaster so lang wie die Kopfhöhe. Fühler fadenförmig, um die Hälfte länger als der Körper, 19-21gliedrig, meist 20gliedrig; drittes Fühlerglied sechsmal so lang wie breit, alle Geißelglieder langgestreckt und etwa viermal so lang wie breit, gegen die Spitze nur sehr langsam an Länge abnehmend, das vorletzte Glied dreimal so lang wie breit; Geißelglieder schwach voneinander abgesetzt, an ihnen in Seitenansicht je zwei Sensillen sichtbar, ziemlich dicht behaart, die Haare so lang wie die Breite der Geißelglieder.

Thorax: Um die Hälfte länger als hoch, um ein Drittel höher als der Kopf und wenig schmäler als dieser, Oberseite nur schwach gewölbt, fast flach und mit der Unterseite parallel. Pronotum oben in der Mitte mit einem kleinen, punktförmigen Eindruck. Mesonotum ganz wenig breiter als lang, vor den Tegulae ziemlich gleichmäßig gerundet, glatt; Notauli nur vorne ausgebildet, mit wenigen Kerben, auf der Scheibe erloschen, ihr gedachter Verlauf durch je eine Reihe feiner Härchen angedeutet, Rückengrübchen sehr klein und punktförmig, Seiten nur an den Tegulae gerandet. Praescutellarfurche in der Tiefe fein gekerbt. Scutellum und Postscutellum glatt. Propodeum mit einer fünfseitigen Areola an der Spitze, von dieser geht nach vorne ein Mittelkiel aus und seitlich gehen Querkiele ab, selten ist die Areola von einem schwachen mittleren Längskiel durchzogen; einzelne Felder glatt und glänzend. Seite des Thorax glatt und glänzend, Sternaulus kurz und fein gekerbt, reicht weder an den Vorder- noch an den Hinterrand, alle übrigen Furchen einfach. Beine schlank, Hinterschenkel fünfmal so lang wie breit.

Flügel: Stigma keilförmig, *r* entspringt aus dem vorderen Drittel, *r1* punktförmig, ohne Winkel in *r2* übergehend, *r2* doppelt so lang wie *cuqu1*, *r3* nach außen geschwungen, nicht ganz doppelt so lang wie *r2*, *R* reicht reichlich an die Flügelspitze, *n.rec.* postfurkal, *Cu2* nach außen verengt, in der distalen Hälfte fast parallelseitig, *d* nur ganz wenig länger als *n.rec.*, *nv* interstitial, *B* geschlossen, *n.par.* entspringt aus der Mitte von *B; n.rec.* im Hinterflügel fehlend.

Abdomen: Erstes Tergit mehr als um die Hälfte länger als hinten breit, nach vorne nur sehr schwach verjüngt, gewölbt, die beiden seitlichen Kiele konvergieren nach rückwärts und vereinigen sich zu einem schwachen Längskiel, der bis an den Hinterrand reicht, außerdem sind zwei schwache Längskiele vorhanden, die bis an den Hinterrand reichen, die einzelnen Felder des Tergites uneben, glänzend. Zweites Tergit in der Mitte an der Basis meist mit einem kleinen, längsgestreiften Feld. Der Rest des Tergites ohne Skulptur. Die restlichen Tergite glatt. Bohrer von ein Drittel Hinterleibslänge. Bohrerklappen mit langen, abstehenden Borsten, die längsten von ihnen 2-3mal so lang wie die Breite der Bohrerklappen.

Färbung: Schwarz. Gelb sind: Scapus, Pedicellus, Clypeus, Mundwerkzeuge, alle Beine, Tegulae, Flügelnervatur und ein Teil der Unterseite des Abdomens. Flügel hyalin. Die letzten 5-6 Fühlerglieder elfenbeinweiß. Gesicht meist mehr oder weniger braun.

Absolute Körperlänge: 1,7 mm.

Relative Größenverhältnisse: Körperlänge = 47. Kopf. Breite = 13, Länge = 7, Höhe = 10, Augenlänge = 5, Augenhöhe = 7, Schläfenlänge = 2, Gesichtshöhe = 7, Gesichtsbreite = 7, Palpenlänge = 10, Fühlerlänge = 75. Thorax. Breite = 11, Länge = 19, Höhe = 13, Hinterschenkellänge = 13, Hinterschenkelbreite = 3. Flügel. Länge = 65, Breite = 30, Stigmalänge = 16, Stigmabreite = 3, *r1* = 1, *r2* = 12, *r3* = 22, *cuqu1* = 6, *cuqu2* = 3, *cu1* = 5, *cu2* = 16, *cu3* = 16, *n.rec.* = 4, *d* = 5. Abdomen. Länge = 21, Breite = 13; 1. Tergit Länge = 8, vordere Breite = 3, hintere Breite = 4,5; Bohrerlänge = 7.

♂. – Vom ♀ nicht verschieden.

Untersuchtes Material: Brit. Mus. East Nepal Exp. 1961 – 62. R. L. COE Coll. B.M. 1962 – 177, Taplejung Distr.: between Sangu and Tamrang, X.-XI. 1961, Deep river gorge, c. 5200′, 57 ♀♀, 1 ♂. – Mixed plants by damp cliff in deep river gorge, c. 5200′, 22. XI. 1961, between Sangu and Tamrang, 57 ♀♀, 1 ♂. – Mixed vegetation by stream in deep gully, I.-II. 1962, between Sangu and Tamrang, c. 5500′, 11 ♀♀. – Above Sangu, Mixed vegetation in dried up ravine, c. 6800′, 16. II. 1962, 7 ♀♀. – Sangu, c. 6200′, Mixed vegetation by stream in gully. XI. 1961-I. 1962, 6 ♀♀. – Evergreen shrubs bordering dry stream-beds, Arun Valley: East shore of R. Arun below Tumlingstar, c. 1800′, 14.-23. XII. 1961, 1 ♀. – Edge of mixed forest above Sangu. c. 6500′, 17. X.-1. XI. 1961, 3 ♀♀. – River banks below Tamrang Bridge, c. 5500′, X.-XI. 1961, 1 ♀, 1 ♂.

Holotype: Ein ♀ der erstzitierten Serie im British Museum, Nat. Hist. in London.

Es sind noch einige Formen zu erwähnen, die hierher zu stellen sind und vorläufig als Aberrationen behandelt werden sollen. Die Unterschiede gegenüber der Stammform sind so beschaffen, daß eine Abtrennung als eigene Arten nicht gerechtfertigt sein dürfte.

Opius nepalensis ab. *annellatus* nov. ♀. – Einige Fühlerglieder vor der Spitze sind weiß, die Spitze selbst ist dunkel. – Mixed plants by damp cliff in deep river gorge, c. 5200′. I.-II. 1962, between Sangu and Tamrang, 1 ♀, Holotype, im British Museum, Nat. Hist. in London.

Opius nepalensis ab. *nigricornis* nov. ♀♂. – Fühler ganz schwarz, mit bis zu 25 Gliedern. – Above Sangu. Mixed vegetation in dried up ravine. c. 6800′, 16. II. 1962, 4 ♀♀. – Sangu, c. 6200′, Mixed vegetation by stream in gully. XI. 1961-I. 1962, 1 ♀. – Mixed vegetation by stream in dried gully, I.-II. 1962, between Sangu and Tamrang, c. 5500′, 1 ♀, 1 ♂. – Holotype ein ♀ der erstzitierten Serie im British Museum, Nat. Hist. in London.

Opius nepalensis ab. *rufatus* nov. ♀♂. – Ein Teil des Thorax oder auch der ganze Thorax und sogar der Kopf rot. – Swept from dwarf bamboos in deep ravine, c. 2000′, 12. XII. 1961, Arun Valley above River Sabhaya, east shore, 3 ♀♀. – Evergreen shrubs on sandy shore, 9.-17. XII. 1961, Arun Valley, below Tumlingstar, River Sabhaya, west shore, c. 1800′, 1 ♀. – Deep river gorge, c. 5200′, between Sangu and Tamrang, 12. XI. 1961, 1 ♂. – Holotype ein ♀ der erstzitierten Serie im British Museum, Nat. Hist.

Opius noonadanus n. sp. (Abb. 44,45)

♂. – Kopf: Gut doppelt so breit wie lang, glatt, Augen vorstehend, hinter den Augen gerundet, Schläfen kaum halb so lang wie die Augen, Hinterhaupt stark gebuchtet; Ocellen vortretend, der Abstand zwischen ihnen so groß wie ein Ocellusdurchmesser, der Abstand des äußeren Ocellus vom inneren Augenrand so groß wie die Breite des Ocellarfeldes. Gesicht um ein Viertel breiter als hoch, glänzend, schwach, aber deutlich punktiert und mit feinen, verhältnismäßig langen, hellen Haaren, Mittelkiel oben ziemlich scharf, nach unten stark verbreitert und seitlich von zwei Längseindrücken begrenzt, die bis in die Gesichtsmitte reichen; Augenränder parallel; Clypeus nicht ganz doppelt so breit wie hoch, halbkreisförmig, in gleicher Ebene wie das Gesicht liegend, Vorderrand schwach eingezogen, uneben, glänzend, mit schwacher Behaarung; Paraclypealgrübchen voneinander zweimal so weit entfernt wie vom Augenrand. Wangen so lang wie die basale Mandibelbreite. Mund offen, Mandibeln an der Basis nicht erweitert, Maxillartaster um die Hälfte länger als die Kopfhöhe, drittes Glied der Maxillartaster nach innen etwas verbreitert, vorletztes Glied der Lippentaster halb so lang wie das letzte oder wie das zweite. Fühler an dem vorliegenden Exemplar beschädigt, 21 Glieder sichtbar; wohl fadenförmig, drittes Fühlerglied viermal so lang wie breit, die folgenden langsam kürzer werdend; die Geißelglieder schwach voneinander abgesetzt, stark, aber anliegend behaart, von der Seite gesehen etwa 2 Sensillen sichtbar.

Thorax: Um die Hälfte länger als hoch, um zwei Fünftel höher als der Kopf und kaum schmäler als dieser, Oberseite ziemlich flach und mit der Unterseite parallel. Pronotum oben in der Mitte mit grübchenförmiger Vertiefung. Mesonotum um die Hälfte breiter als lang, vor den Tegulae gleichmäßig gerundet, glatt; Notauli nur an den Vorderecken vorhanden und hier als ovale, quergelagerte, glatte Grübchen ausgebildet, deren Vorderrand schwach gekantet ist; sie reichen weder an den Seitenrand noch auf die Scheibe, ihr gedachter Verlauf durch je eine Reihe feiner Härchen angedeutet, Rückengrübchen fehlt, Seiten nur an den Tegulae gerandet. Praescutellarfurche in der Tiefe scharf gekerbt. Scutellum glatt. Postscutellum der ganzen Breite nach scharf gekerbt. Propodeum fein runzelig, gegen die Hinterecken glatt. Seite des Prothorax fast ganz glatt. Mesopleurum glatt, Sternaulus recht stark eingedrückt, aber glatt, alle Furchen einfach. Metapleurum ohne Skulptur. Beine schlank, Hinterschenkel fünfmal so lang wie breit, Hintertarsen wenig, aber deutlich kürzer als die Hinterschienen.

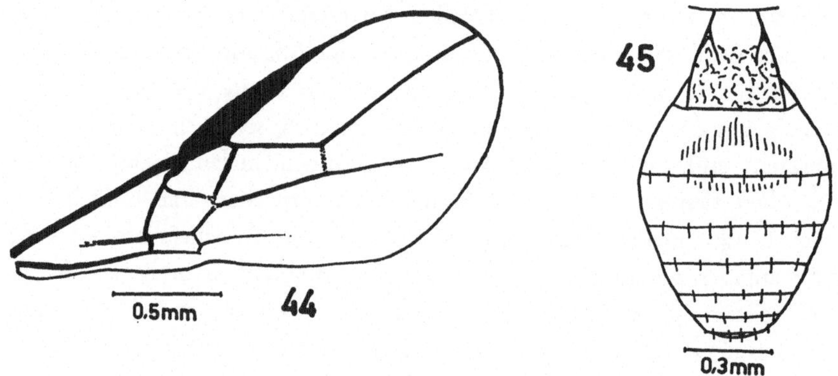

Abb. 44. *Opius noonadanus* n. sp. – Vorderflügel.
Abb. 45. *Opius noonadanus* n. sp. – Abdomen von oben.

Flügel: Stigma keilförmig, *r* entspringt aus dem vorderen Drittel, *r1* halb so lang wie die Stigmabreite, einen stumpfen Winkel mit *r2* bildend, *r2* um ein Drittel länger als *cuqu1*, *r3* nach außen geschwungen, doppelt so lang wie *r2*, *R* reicht an die Flügelspitze, *n.rec.* postfurkal, *Cu2* nach außen verengt, *d* um zwei Fünftel länger als *n.rec.*, *nv* um die eigene Breite postfurkal, *B* unvollständig geschlossen, *n.par.* entspringt aus der Mitte von *B;* *n.rec.* im Hinterflügel fehlend.

Abdomen: Erstes Tergit so lang wie hinten breit, nach vorne gleichmäßig verjüngt, mit zwei ziemlich weit voneinander entfernten seitlichen Kielen im vorderen Drittel, diese treten hier stark vor, das ganze Tergit runzelig, matt, nur die Hinterecken glatt. Zweites Tergit von den basalen Eindrücken an bis über die Mitte längsgestrichelt, sonst glatt. Drittes

Tergit nur an der Basis sehr kurz längsgestrichelt. Der Rest des Abdomens glatt.

Färbung: Schwarz. Gelb sind: Scapus, Pedicellus, Wangen, Mundwerkzeuge, alle Beine, Tegulae und Flügelnervatur. Alle Hüften, Hinterschenkel, Hinterschienen, hintere Basitarsen und alle Pulvillen dunkelbraun. Mandibelspitzen dunkler. Flügel schwach gebräunt.

Absolute Körperlänge: 2,1 mm.

Relative Größenverhältnisse: Körperlänge = 58. Kopf. Breite = 19, Länge = 9, Höhe = 12, Augenlänge = 6, Augenhöhe = 9, Schläfenlänge = 3, Gesichtshöhe = 8, Gesichtsbreite = 10, Palpenlänge = 18. Thorax. Breite = 18, Länge = 26, Höhe = 17, Hinterschenkellänge = 14, Hinterschenkelbreite = 3. Flügel. Länge = 74, Breite = 36, Stigmalänge = 20, Stigmabreite = 4, *r1* = 2, *r2* = 12, *r3* = 26, *cuqu1* = 9, *cuqu2* = 4, *cu1* = 7, *cu2* = 16, *cu3* = 22, *n.rec.* = 5, *d* = 7. Abdomen. Länge = 23, Breite = 19; 1. Tergit Länge = 7, vordere Breite = 5, hintere Breite = 8.

♀. – Unbekannt.

Untersuchtes Material: Philippines, Palawan, Mantaligajan, Pinigisan 600 meter, 8. Sept. 1961, Noona Dan Exp. 61-62, 1 ♂, Holotype, im Universitetets Zoologiske Museum in Kopenhagen.

Opius oleracei FI.

Opius oleracei FISCHER, Z. angew. Zool. 50, 1963, p. 199, ♀♂.
Wirt: *Pseudonapomyza spicata* (Leaf miner on grass, India, Namkum, leg. K. V. SEHGAL).

Opius oophilus FULL.

Opius oophilus FULLAWAY, Proc. Hawaii ent. Soc. 14, 1951, p. 248, ♀♂.
Opius oophilus, FISCHER, Acta ent. Mus. Nat. Pragae 35, 1963, p. 235, ♀♂.

Opius palawanus n. sp.

♀. – Kopf: Gut doppelt so breit wie lang, glatt, Augen stark vorstehend, hinter den Augen stark verengt, Schläfen von ein Drittel Augenlänge, Hinterhaupt nur schwach gebuchtet; Ocellen vortretend, der Abstand zwischen ihnen so groß wie ein Ocellusdurchmesser, der Abstand des äußeren Ocellus vom inneren Augenrand etwas größer als die Breite des Ocellarfeldes. Gesicht quadratisch, verhältnismäßig schmal, Augen merklich gegen die Gesichtsmitte gerückt, glatt, mit feinen, aber ziemlich langen, hellen Haaren schütter besetzt, die Haarpunkte nur schwer erkennbar, mit schwachem, stumpfem Mittelkiel, Augenränder in der unteren Hälfte nach unten merklich divergierend; Clypeus dreimal so breit wie hoch, stark gegen die Gesichtsmitte vorgezogen, durch einen feinen Einschnitt vom Gesicht getrennt, vorne merklich ausgeschnitten, glatt, mit einzelnen, borstentragenden, feinen Punkten, nur recht schwach gewölbt; Paraclypealgrübchen voneinander zweimal so weit entfernt wie vom Augenrand. Wangen so lang wie die basale Mandibelbreite. Mund offen, Mandibeln an der Basis nicht erweitert, von der Spitze gegen die Basis stark verbreitert, der untere Rand mit einer scharfen Kante, aber keine Ecke ausgebildet, Maxillartaster so lang wie die Kopfhöhe. Fühler fadenförmig, so lang wie der Körper, 31gliedrig; drittes Fühlerglied zweieinhalbmal so lang wie breit, die folgenden langsam kürzer werdend, das vorletzte Glied kaum länger als breit; die Geißelglieder dicht gerieft, kurz behaart und deutlich voneinander abgesetzt.

Thorax: Um die Hälfte länger als hoch, so hoch wie der Kopf und merklich schmäler als dieser, Oberseite flach, mit der Unterseite parallel. Pronotum oben in der Mitte mit einem grübchenartigen Eindruck. Mesonotum etwas breiter als lang, vor den Tegulae gleichmäßig gerundet, glatt; Notauli vorne merklich eingedrückt, gekrümmt und glatt, reichen auf die Scheibe, erlöschen kurz vor dem Rückengrübchen, ihr Verlauf durch zahlreiche, feine Härchen gekennzeichnet, Rückengrübchen mäßig tief, etwas verlängert, Seiten überall gerandet, die Randfurchen gehen vorne in die Notauli über. Praescutellarfurche tief und mit zahlreichen Längsleistchen. Scutellum vorne breiter als lang, glatt. Postscutellum in der Mitte mit drei erhabenen Längsleistchen, sonst der ganzen Breite nach scharf gekerbt. Propodeum vorne grob runzelig, hinten mit Tendenz zur Zellenbildung. Seite des Prothorax glatt, vordere Furche nur fein, hintere scharf gekerbt. Mesopleurum glatt, Sternaulus reicht fast vom Hinterrand bis fast an den Vorderrand, schmal und gerade, scharf gekerbt; vordere Randfurche ebenso gekerbt wie der Sternaulus, tief eingedrückt und trennt die Vorderecke ab, geht aber nicht in den Sternaulus über; hintere Randfurche einfach. Metapleurum glatt, vordere Randfurche gekerbt, gegen die Ränder schwach punktiert und mit langen, abstehenden Haaren versehen. Beine schlank, Hinterschenkel fünfmal so lang wie breit, Hinterschenkel merklich lang behaart, die Haare so lang wie die Breite des Hinterschenkels.

Flügel: Verhältnismäßig breit. Stigma mäßig breit, fast keilförmig, *r* entspringt aus dem vorderen Drittel, *r1* kürzer als die halbe Stigmabreite, ohne Winkel in *r2* übergehend, *r2* um zwei Drittel länger als *cuqu1*, *r3* nach außen geschwungen, um die Hälfte länger als *r2*, *R* reicht reichlich an die Flügelspitze, *n.rec.* stark postfurkal, der Abschnitt von *cu* zwischen *n.rec.* und *cuqu1* nur wenig kürzer als *n.rec.*, *Cu2* nach außen stark verengt, *d* doppelt so lang wie *n.rec.*, *nv* interstitial, *B* geschlossen, *n.par.* entspringt aus der Mitte von *B; n.rec.* im Hinterflügel fehlend.

Abdomen: Erstes Tergit um ein Viertel länger als hinten breit, nach vorne gleichmäßig und geradlinig verjüngt, mit zwei nach rückwärts konvergierenden seitlichen Kielen im vorderen Drittel, gewölbt, der mediane Raum längsgestreift, die lateralen Felder glatt. Die restlichen Tergite ohne Skulptur. Bohrer von halber Hinterleibslänge, Hypopygium überragt die Hinterleibsspitze nicht.

Färbung: Schwarz. Gelb sind: Scapus, Pedicellus, Mundwerkzeuge mit Ausnahme der Mandibelspitzen, und alle Beine. Hinterschienenspitzen, Hintertarsen und alle Klauenglieder schwarz. Tegulae und Flügelnervatur braun. Flügel fast hyalin.

Absolute Körperlänge: 3,3 mm.

Relative Größenverhältnisse: Körperlänge = 88. Kopf. Breite = 25, Länge = 12, Höhe = 20, Augenlänge = 9, Augenhöhe = 13, Schläfenlänge = 3, Gesichtshöhe = 12, Gesichtsbreite = 12, Palpenlänge = 20, Fühlerlänge = 85. Thorax. Breite = 21, Länge = 36, Höhe = 23, Hinterschenkellänge = 22, Hinterschenkelbreite = 4,5. Flügel. Länge = 95, Breite = 50, Stigmalänge = 20, Stigmabreite = 5, *r1* = 2, *r2* = 8, *r3* = 28, *cuqu1* = 11, *cuqu2* = 6, *cu1* = 11, *cu2* = 23, *cu3* = 21, *n.rec.* = 10, *d* = 5. Abdomen. Länge = 40, Breite = 24; 1. Tergit Länge = 14, vordere Breite = 6, hintere Breite = 11; Bohrerlänge = 20.

♂. – Unbekannt.

Untersuchtes Material: Philippines, Palawan, Mantalingajan, Pinigisan 600 meter, 24. Sept. 1961, Noona Dan Exp. 61-62, Caught in Malaisa-traps inside forest, 1 ♀. – Philippines, Palawan, Mantalingajan Tagembung 1150 meter 16. Sept. 1961, Noona Dan Exp. 61-62, 1 ♀.

Holotype: das erstzitierte ♀ im Universitetets Zoologiske Museum in Kopenhagen.

Opius papuensis n. sp. (Abb. 46,47)

♀. – Kopf: Mehr als doppelt so breit wie lang, glatt, mit feinen, hellen Haaren, aber keine Punktur erkennbar, Augen vorstehend, hinter den Augen gerundet, Schläfen halb so lang wie die Augen, Hinterhaupt gebuchtet; Ocellen vortretend, der Abstand zwischen ihnen größer als ein Ocellusdurchmesser, der Abstand des äußeren Ocellus vom inneren Augenrand um ein Viertel größer als die Breite des Ocellarfeldes. Gesicht um die Hälfte breiter als hoch, glatt, fein und hell behaart, die Punktur nicht erkennbar; Mittelkiel oben scharf, nach unten verbreitert, Augenränder parallel; Clypeus zweimal so breit wie hoch, gegen das Gesicht durch eine feine Linie halbkreisförmig begrenzt, schwach gewölbt, vorne etwas eingezogen, ganz glatt, mit einzelnen, lang abstehenden Borsten; Paraclypealgrübchen voneinander um zwei Drittel weiter entfernt als vom Augenrand. Wangen so lang wie die basale Mandibelbreite. Mund offen, Mandi-

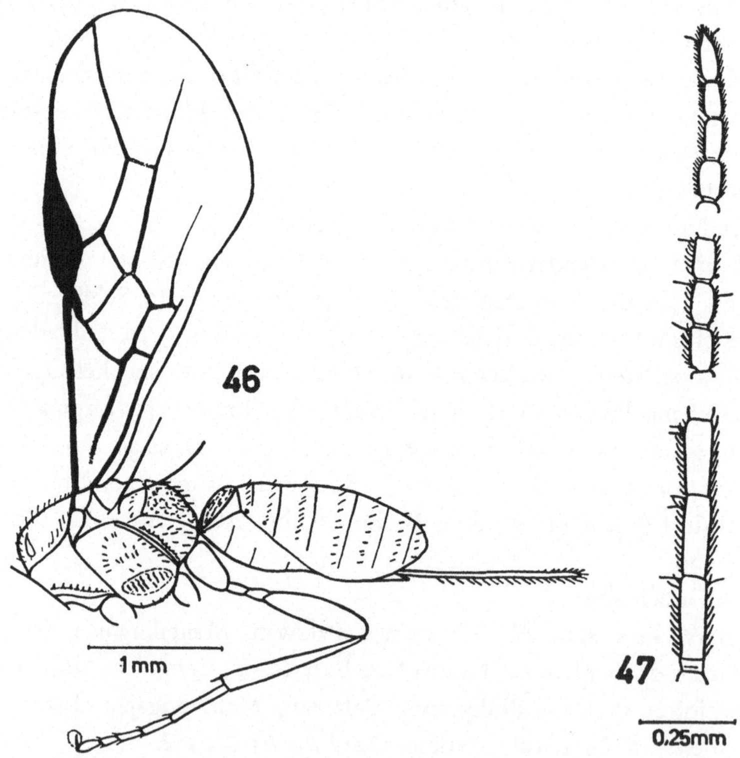

Abb. 46. *Opius papuensis* n. sp. – Körper in Seitenansicht, Kopf ausgenommen.

Abb. 47. *Opius papuensis* n. sp. – Basis, Mitte und Ende der Fühlergeißel.

beln an der Basis nicht erweitert, Maxillartaster so lang wie die Kopfhöhe. Fühler fadenförmig, um ein Drittel länger als der Körper, 35gliedrig; drittes Fühlerglied dreieinhalbmal so lang wie breit, die folgenden langsam kürzer werdend, das vorletzte um die Hälfte länger als breit; die Geißelglieder schwach voneinander abgesetzt, dicht gerieft und fein behaart, die Geißelglieder an ihren Enden mit abstehenden Borsten, diese so lang wie die Breite der Geißelglieder.

Thorax: Um ein Drittel länger als hoch, um die Hälfte höher als der Kopf und etwa gleich breit wie dieser, Oberseite nur schwach gewölbt, aber vorne und im Bereich des Propodeums steil abfallend. Pronotum oben ohne Eindruck. Mesonotum merklich breiter als lang, vor den Tegulae gleichmäßig gerundet, ganz glatt; Notauli vorne eingedrückt, glatt, auf der Scheibe fehlend, ihr gedachter Verlauf durch je eine Reihe feiner Härchen angedeutet, Rückengrübchen fehlt, Seiten nur an den Tegulae gerandet. Praescutellarfurche schmal, seicht, seitlich nicht abgekürzt, trennt die Axillae ab, schwach gewölbt. Scutellum glatt. Postscutellum ebenfalls glatt. Propodeum ziemlich grob runzelig. Seite des Prothorax glatt, die Furchen nur spurenhaft gekerbt. Mesopleurum glatt, größtenteils weitläufig mit haartragenden Punkten versehen, Sternaulus sehr breit, reicht von den Mittelhüften bis zum Vorderrand, mit nicht ganz regelmäßigen Rippen versehen, die übrigen Furchen einfach. Metapleurum punktiert-runzelig, mit langen, abstehenden, hellen Haaren. Beine schlank, Hinterschenkel viermal so lang wie breit.

Flügel: Verhältnismäßig schmal. Stigma ziemlich breit, keilförmig, *r* entspringt aus dem vorderen Drittel, *r1* nur wenig kürzer als die Stigmabreite, im Bogen in *r2* übergehend, *r2* um die Hälfte länger als *cuqu1*, *r3* nach außen geschwungen, doppelt so lang wie *r2*, *R* reicht reichlich an die Flügelspitze, *n.rec.* postfurkal, *Cu2* fast parallelseitig, *d* doppelt so lang wie *n.rec.*, *nv* fast um die eigene Länge postfurkal, *B* geschlossen, *n.par.* entspringt aus der Mitte von *B; n.rec.* im Hinterflügel fehlend.

Abdomen: Erstes Tergit so lang wie hinten breit, Seitenränder hinten parallel, dann nach vorne schwach konvergierend, die seitlichen Kiele geschwungen und reichen bis in die rückwärtige Hälfte, das ganze Tergit ziemlich flach und fein runzelig, matt. Zweites und drittes Tergit eng miteinander verwachsen, beide zusammen so lang wie das vierte, voneinander durch eine schwach gebogene, ganz feine Linie getrennt, beide nur mit Spuren einer Chagrinierung. Der Rest des Abdomens ohne Skulptur.

Bohrer von zwei Drittel Hinterleibslänge; Hypopygium überrangt die Hinterleibsspitze nicht.

Färbung: Rotbraun. Dunkelbraun bis schwarz sind: die ganzen Fühler, Ocellarfeld, Mandibelspitzen, Taster, alle Beine zur Gänze, Postscutellum, Propodeum, erstes Tergit, verschwommene Querbinden auf den Tergiten 4-7 und die Bohrerklappen. Flügelnervatur braun. Flügel braun gefärbt.

Absolute Körperlänge: 3,7 mm.

Relative Größenverhältnisse: Körperlänge = 100. Kopf. Breite = 26, Länge = 12, Höhe = 19, Augenlänge = 13, Schläfenlänge = 4, Gesichtshöhe = 10, Gesichtsbreite = 15, Palpenlänge = 20, Fühlerlänge = 140. Thorax. Breite = 25, Länge = 38, Höhe = 28, Hinterschenkellänge = 21, Hinterschenkelbreite = 5. Flügel. Länge = 110. Breite = 45, Stigmalänge = 27, Stigmabreite = 7, *r1* = 5, *r2* = 16, *r3* = 32, *cuqu1* = 10, *cuqu 2* = 6, *cu1* = 14, *cu2* = 23, *cu3* = 30, *n.rec.* = 7, *d* = 15. Abdomen. Länge = 50, Breite = 30; 1. Tergit Länge = 13, vordere Breite = 7, hintere Breite = 12; Bohrerlänge = 35.

♂. – Unbekannt.

Untersuchtes Material: Papua: Mafulu. 4,000 ft. I. 1934. L. E. CHEESMAN, B. M. 1934 – 321, 1♀, Holotype, im British Museum, Nat. Hist. in London.

Opius parvifactus n. sp. (Abb. 48,49)

♂. – Kopf: Doppelt so breit wie lang, glatt, Augen vorstehend, hinter den Augen stark gerundet verengt, Schläfen von ein Drittel Augenlänge, Hinterhaupt in der Mitte stark gebuchtet; Ocellen nur wenig vortretend, klein, der Abstand zwischen ihnen so groß wie ein Ocellusdurchmesser, der Abstand des äußeren Ocellus vom inneren Augenrand um die Hälfte größer als die Breite des Ocellarfeldes. Gesicht nur eine Spur breiter als hoch, glatt, glänzend, nur äußerst fein behaart, keine Punktur erkennbar, Mittelkiel fast fehlend, Augenränder in der unteren Hälfte nach unten schwach divergierend; Clypeus zweieinhalbmal so breit wie hoch, vom Gesicht nur undeutlich getrennt, schwach aufgebogen, vorne fast gerade, ganz glatt, mit kaum merklich eingestochenen Punkten in der Nähe des Vorderrandes; Paraclypealgrübchen voneinander zweimal so weit entfernt wie vom Augenrand. Wangen so lang wie die basale Mandibelbreite. Mund offen, Mandibeln an der Basis nicht erweitert, Maxillartaster so lang wie die Kopfhöhe. Fühler fadenförmig, um ein Viertel länger als der Körper,

21gliedrig; drittes Fühlerglied viermal so lang wie breit, die folgenden langsam kürzer werdend, das vorletzte doppelt so lang wie breit; die Geißelglieder schwach voneinander abgesetzt, schwach gerieft und mäßig lang behaart.

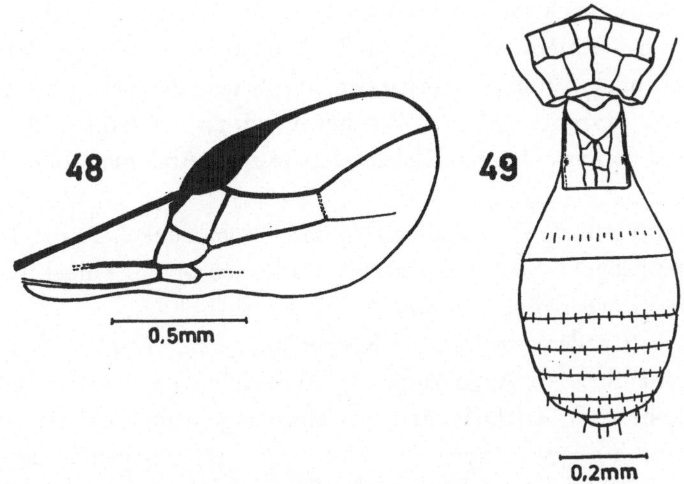

Abb. 48. *Opius parvifactus* n. sp. – Vorderflügel.
Abb. 49. *Opius parvifactus* n. sp. – Propodeum und Abdomen von oben.

Thorax: Um ein Viertel länger als hoch, so hoch wie der Kopf und etwas schmäler als dieser, Oberseite gewölbt. Pronotum oben in der Mitte mit sehr kleinem Eindruck. Mesonotum merklich breiter als lang, vor den Tegulae gleichmäßig gerundet, glatt; Notauli nur vorne eingedrückt und etwas skulptiert, auf der Scheibe fehlend, ihr gedachter Verlauf durch je eine Reihe von Härchen angedeutet, Rückengrübchen punktförmig, Seiten nur an den Tegulae gerandet. Praescutellarfurche in der Tiefe feinst gekerbt. Scutellum und Postscutellum glatt. Propodeum mit mehreren feinen Leistchen, die mehrere glatte Felder begrenzen; in der Mitte mit feinem Mittelkiel. Seite des Thorax glatt und glänzend, Sternaulus kurz und schmal, fein gekerbt, die übrigen Furchen einfach. Beine schlank, Hinterschenkel viermal so lang wie breit.

Flügel: Stigma keilförmig, *r* entspringt aus dem vorderen Viertel, *r1* halb so lang wie die Stigmabreite, ohne Winkel in *r2* übergehend, *r2* doppelt so lang wie *cuqu1*, *r3* nach außen geschwungen, um die Hälfte länger als *r2*, *R* reicht reichlich an die Flügelspitze, *n.rec.* schwach postfurkal,

Cu2 nach außen schwach verengt, *d* um zwei Drittel länger als *n.rec.*, *nv* um die eigene Breite postfurkal, *B* geschlossen, *n.par.* entspringt aus der Mitte von *B*, *n.rec.* im Hinterflügel fehlend.

Abdomen: Erstes Tergit um ein Drittel länger als hinten breit, nach vorne nur schwach verjüngt, rückwärts fast parallelseitig, gewölbt, mit zwei seitlichen, nach rückwärts schwach konvergierenden, geraden Kielen, die bis an den Hinterrand reichen, außerdem ein feiner, bis an den Hinterrand reichender Mittelkiel vorhanden, die Seiten deutlich gerandet; im übrigen das ganze Tergit glatt. Zweites Tergit an der Basis in der Mitte mit Spuren von zwei kurzen Kielen. Der Rest des Abdomens ohne Skulptur.

Färbung: Rötlichgelb. Fühlergeißeln und Klauen dunkel. Taster, Tegulae und Beine hellgelb, blaß. Flügelnervatur schwach braun, Flügel hyalin.

Absolute Körperlänge: 1,6 mm.

Relative Größenverhältnisse: Körperlänge = 44. Kopf. Breite = 14, Länge = 7, Höhe = 10, Augenlänge = 5, Augenhöhe = 6, Schläfenlänge = 2, Gesichtshöhe = 6, Gesichtsbreite = 7, Palpenlänge = 10, Fühlerlänge = 55. Thorax. Breite = 11, Länge = 17, Höhe = 11, Hinterschenkellänge = 10, Hinterschenkelbreite = 2,5, Flügel. Länge = 45, Breite = 20, Stigmalänge = 12, Stigmabreite = 2,5, *r1* = 1, *r2* = 9, *r3* = 14, *cuqu1* = 5, *cuqu2* = 3, *cu1* = 5, *cu2* = 11, *cu3* = 10, *n.rec.* = 3, *d* = 5. Abdomen. Länge = 20, Breite = 10; 1. Tergit Länge = 7, vordere Breite = 3, hintere Breite = 5.

♀. – Unbekannt.

Untersuchtes Material: Philippines, Tawi Tawi, Tarawakan, north of Batu Batu, 21. Oct. 1961, Noona Dan Exp. 61-62, 1 ♂. Holotype, im Universitetets Zoologiske Museum in Kopenhagen.

Opius penetrator n. sp. (Abb. 50,51)

♀. – Kopf: Doppelt so breit wie lang, glatt, Augen vorstehend, hinter den Augen stark gerundet verengt, Schläfen halb so lang wie die Augen, Hinterhaupt stark gebuchtet; Ocellen etwas vortretend, der Abstand zwischen ihnen so groß wie ein Ocellusdurchmesser, der Abstand des äußeren Ocellus vom inneren Augenrand so groß wie die Breite des Ocellarfeldes. Gesicht um die Hälfte breiter als hoch, glatt, glänzend, keine Punktur erkennbar, Mittelkiel kaum abgesetzt, höchstens eine schwache Aufwölbung längs der Mitte erkennbar, wenig feinste Haare erkennbar; Clypeus viermal so breit wie hoch, sichelförmig, so gewölbt, daß er entlang der Mitte fast dachartig erhoben erscheint, ganz glatt, durch einen tiefen Einschnitt vom Gesicht getrennt, vorne eingezogen; Paraclypealgrübchen voneinander dreimal so weit entfernt wie vom Augenrand. Wangen kürzer als die basale Mandibelbreite. Mund offen, Mandibeln an der Basis nicht erweitert, Maxillartaster so lang wie die Kopfhöhe. Fühler an dem vorliegenden Exemplar verkürzt; wohl fadenförmig; 24 Glieder sichtbar; drittes Fühlerglied dreimal so lang wie breit, die Geißelglieder deutlich voneinander abgesetzt, kurz behaart und deutlich gerieft, von der Seite drei Sensillen sichtbar.

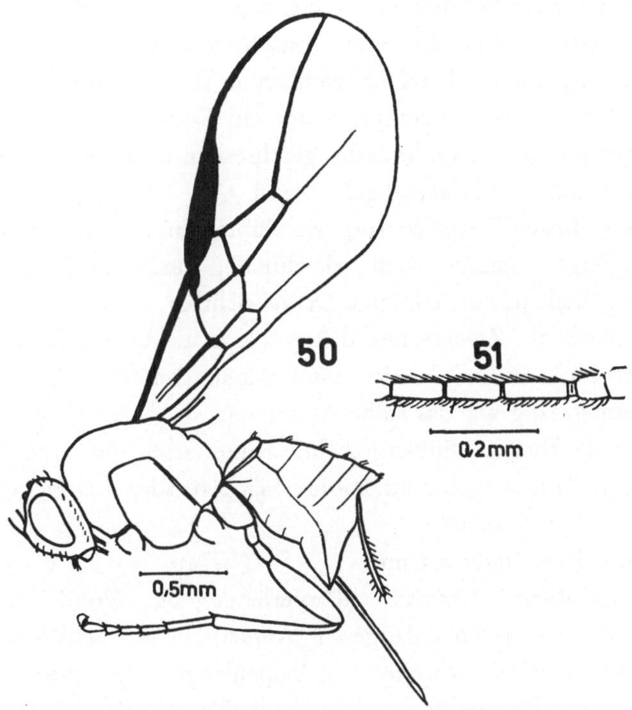

Abb. 50. *Opius penetrator* n. sp. – Körper in Seitenansicht.
Abb. 51. *Opius penetrator* n. sp. – Basis der Fühlergeißel.

Thorax: Um ein Drittel länger als hoch, um die Hälfte höher als der Kopf und gleich breit wie dieser, Oberseite gewölbt. Pronotum oben in der Mitte mit sehr großem, tiefem Eindruck. Mesonotum etwas breiter als lang, vor den Tegulae gleichmäßig gerundet, ganz glatt; Notauli auch vorne nur sehr schwach eingedrückt und glatt, fehlen auf der Scheibe, ihr gedachter Verlauf durch je eine Reihe feiner Härchen angedeutet, Rückengrübchen fehlt, Seiten nur an den Tegulae gerandet. Praescutellarfurche krenuliert. Scutellum glatt. Postscutellum uneben. Propodeum äußerst fein runzelig, stellenweise glänzend. Seite des Prothorax fein chagriniert. Meso- und Metapleurum glatt, Sternaulus fehlt, alle Furchen einfach. Beine schlank, Hinterschenkel viermal so lang wie breit, mit längeren Haaren, diese an der Unterseite so lang wie die Breite des Hinterschenkels.

Flügel: Stigma keilförmig, *r* entspringt aus dem vorderen Drittel, *r1* halb so lang wie die Stigmabreite, einen stumpfen Winkel mit *r2* bildend, *r2* um zwei Drittel länger als *cuqu1*, *r3* nach außen geschwungen, zweieinhalbmal so lang wie *r2*, *R* reicht reichlich an die Flügelspitze, *n.rec.* postfurkal, *Cu2* nach außen verengt, *d* um ein Drittel länger als *n.rec.*, *nv* schwach postfurkal, *B* unvollständig geschlossen, *n.par.* entspringt aus der Mitte von *B; n.rec.* im Hinterflügel fehlend.

Abdomen: Erstes Tergit so lang wie hinten breit, nach vorne gleichmäßig verjüngt, ziemlich flach, gleichmäßig und feinkörnig runzelig, die seitlichen Kiele nur im vorderen Drittel sichtbar, die seitlichen Tuberkel schwach entwickelt. Zweites und drittes Tergit an der Basis fein runzelig, ersteres besonders in den basalen Eindrücken. Der Rest des Abdomens glatt. Bohrer so lang wie das halbe Abdomen.

Färbung: Rotbraun. Fühlergeißeln, Hintertarsen und ein Teil der rückwärtigen Tergite gebräunt. Bohrerklappen schwarz. Flügelnervatur gelb, Flügel schwach gebräunt.

Absolute Körperlänge: 2,3 mm.

Relative Größenverhältnisse: Körperlänge = 62. Kopf. Breite = 20, Länge = 9, Höhe = 14, Augenlänge = 6, Augenhöhe = 8, Schläfenlänge = 3, Gesichtshöhe = 8, Gesichtsbreite = 12, Palpenlänge = 15. Thorax. Breite = 19, Länge = 27, Höhe = 21, Hinterschenkellänge = 15, Hinterschenkelbreite = 4. Flügel. Länge = 80, Breite = 38, Stigmalänge = 23, Stigmabreite = 4, *r1* = 2, *r2* = 12, *r3* = 33, *cuqu1* = 7, *cuqu2* = 3, *cu1* = 8, *cu2* = 15, *cu3* = 26, *n.rec.* = 6, *d* = 8. Abdomen. Länge = 27, Breite = 18; 1. Tergit Länge = 9, vordere Breite = 5, hintere Breite = 8; Bohrerlänge = 13.

♂. – Unbekannt.

Untersuchtes Material: S.E. Queensland, Tambourine Mts., 2-9. IV. 1935, Australia: R. E. TURNER, B.M., 1935 – 240, 1 ♀, Holotype, im British Museum, Nat. Hist. in London.

Opius perkinsi FULL.

Opius perkinsi FULLAWAY, Proc. Hawaii ent. Soc. 14, 1959, p. 66, ♀♂.
Opius perkinsi, FISCHER, Acta ent. Mus. Nat. Pragae 35, 1963, p. 210, ♀♂.

Opius persulcatus (SILV.)

Biosteres persulcatus SILVESTRI, Boll. Lab. Zool. gen. agr. Portici 11, 1916, p. 167, ♀♂.
Biosteres javanus FULLAWAY, Proc. Hawaii ent. Soc. 4, 1920, p. 260, ♀♂.
Opius vandenboschi FULLAWAY, Proc. Hawaii ent. Soc. 14, 1951, p. 413 (nov. nom. pro *Biosteres javanus* FULL.).
Opius persulcatus, FISCHER, Z. Arbeitsgem. öst. Ent. 12, 1960, p. 94, ♀♂.
Opius persulcatus, FISCHER, Acta ent. Mus. Nat. Pragae 35, 1963, p. 237.

Folgende Subspecies sind zu nennen:

Opius persulcatus lumpurensis FI.

Opius persulcatus lumpurensis FISCHER, Acta ent. Mus. Nat. Pragae 35, 1963, p. 237, ♀.

Opius persulcatus curtiarticulatus FI.

Opius persulcatus curtiarticulatus FISCHER, Acta ent. Mus. Nat. Pragae 35, 1963, p. 238, ♀♂.

Opius persulcatus substriatus FI.

Opius persulcatus substriatus FISCHER, Acta ent. Mus. Nat. Pragae 35, 1963, p. 238, ♀.

Opius phaseoli FI.

Eurytenes nanus ASHMEAD, Proc. U.S. Nat. Mus. 28, 1904, p. 1948, ♀.
Opius phaseoli FISCHER, Acta ent. Mus. Nat. Pragae 35, 1963, p. 224, ♀ (nov. nom.).
Wirt: *Melanagromyza atomella* (MALL.) (Leaf miner on *Alangium* sp., India, Ohanbad, leg. K. V. SEHGAL).

Opius pilosidorsum n. sp. (Abb. 52,53)

♀. – Kopf: Doppelt so breit wie lang, glatt, mäßig dicht, aber sehr fein punktiert und kurz behaart, nur das Ocellarfeld und die Stirn in der Mitte ohne Haarpunkte; Augen vorstehend, hinter den Augen gerundet, Schläfen halb so lang wie die Augen, Hinterhaupt in der Mitte stark gebuchtet; Ocellen vortretend, der Abstand zwischen ihnen so groß wie ein Ocellusdurchmesser, der Abstand des äußeren Ocellus vom inneren Augenrand so groß wie die Breite des Ocellarfeldes. Gesicht so breit wie hoch, glänzend, ziemlich dicht und fein punktiert und behaart, Augenränder parallel, Mittelkiel nicht ausgebildet; Clypeus nur wenig breiter als hoch, schwach gewölbt, vorne bogenförmig eingezogen, ganz glatt;

Paraclypealgrübchen voneinander um die Hälfte weiter entfernt als vom Augenrand. Wangen länger als die basale Mandibelbreite. Mund offen, Mandibeln an der Basis nicht erweitert, Maxillartaster so lang wie die Kopfhöhe. Fühler fadenförmig, wenig länger als der Körper, 29-30gliedrig; drittes Fühlerglied fünfmal so lang wie breit, die folgenden langsam kürzer werdend, das vorletzte doppelt so lang wie breit; die Geißelglieder dicht und kurz behaart und eng aneinanderschließend.

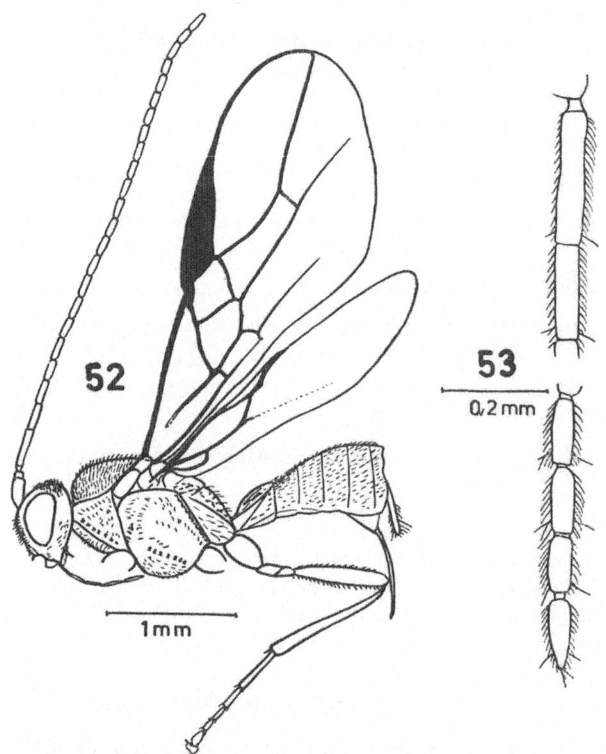

Abb. 52. *Opius pilosidorsum* n. sp. – Körper in Seitenansicht.
Abb. 53. *Opius pilosidorsum* n. sp. – Basis und Ende der Fühlergeißel.

Thorax: Um die Hälfte länger als hoch, um die Hälfte höher als der Kopf ebenso breit wie dieser, Oberseite nur schwach gewölbt und fast flach, mit der Unterseite parallel. Mesonotum so breit wie lang, Seiten vor den Tegulae bis zu den Schulterecken ziemlich gerade konvergierend, vorne schwach gerundet, gleichmäßig und dicht punktiert und kurz, hell behaart, Oberfläche glänzend; Notauli vorne recht tief eingedrückt und gebogen, reichen an den Seitenrand, nicht aber auf die Scheibe, Rückengrübchen vorhanden und schwach strichförmig verlängert, Seiten nur an den Tegulae deutlich gerandet. Praescutellarfurche seitlich abgekürzt, vorne bogenförmig, hinten geradlinig begrenzt, mit einigen Längsleistchen. Scutellum ebenso wie das Mesonotum punktiert und behaart. Propodeum unregelmäßig netzartig runzelig, die Lücken uneben. Seite des Thorax glatt und glänzend, Sternaulus breit, oval, reicht fast an den Vorder- und fast an den Hinterrand, mit einigen Kerben am oberen Rand; alle übrigen Furchen einfach. Beine schlank, Hinterschenkel fünfmal so lang wie breit, Hintertarsen kürzer als die Hinterschienen.

Flügel: Verhältnismäßig schmal. Stigma keilförmig, *r* entspringt vor der Mitte, *r1* halb so lang wie die Stigmabreite, im Bogen in *r2* übergehend, *r2* um die Hälfte länger als *cuqu1*, *r3* schwach nach außen geschwungen, um zwei Drittel länger als *r2*, *R* reicht reichlich an die Flügelspitze, *n.rec.* schwach antefurkal, *d* doppelt so lang wie *n.rec.*, *nv* interstitial, *B* geschlossen, *n.par.* entspringt unter der Mitte von *B; n.rec.* im Hinterflügel schwach angedeutet.

Abdomen: Verhältnismäßig schmal. Erstes Tergit um die Hälfte länger als hinten breit, nach vorne geradlinig verjüngt, schwach gewölbt, nicht ganz regelmäßig längsgestreift, die Räume zwischen den Streifen uneben, die seitlichen Kiele gehen in die Streifung über. Zweites Tergit so lang wie das dritte, ebenso gestreift wie das erste, nur etwas schwächer, seitlich chagriniert. Drittes Tergit nur schwach chagriniert, die folgenden glatt. Bohrer nur kurz vorstehend, kürzer als das erste Tergit.

Färbung: Rötlichgelb. Dunkelbraun bis schwarz sind: Flecke an Scapus und Pedicellus, Fühlergeißeln, Mandibelspitzen, ein großer Fleck auf der Oberseite des Kopfes, Oberseite des Thorax und die Abdominaltergite, ausgenommen z. T. die Ränder der Tergite und die Spitze des Abdomens. Mundwerkzeuge und Beine gelb, Hintertarsen und alle Pulvillen dunkler. Flügelnervatur gelb, Flügel fast hyalin.

Absolute Körperlänge: 3,0 mm.

Relative Größenverhältnisse: Körperlänge = 80. Kopf. Breite = 19, Länge = 9, Höhe = 14, Augenlänge = 6, Augenhöhe = 10, Schläfenlänge = 3, Gesichtshöhe = 10, Gesichtsbreite = 11, Palpenlänge = 15, Fühlerlänge = 100. Thorax. Breite = 18, Länge = 31, Höhe = 20, Hinterschenkellänge = 20, Hinterschenkelbreite = 4. Flügel. Länge = 80, Breite = 30, Stigmalänge = 17, Stigmabreite = 5, *r1* = 2, *r2* = 14, *r3* = 23, *cuqu1* = 9, *cuqu2* = 5, *cu1* = 10, *cu2* = 18, *cu3* = 18, *n.rec.* = 5, *d* = 10. Abdomen. Länge = 40, Breite = 18; 1. Tergit Länge = 14, vordere Breite = 4, hintere Breite = 9.

♂. – Vom ♀ nicht verschieden.

Untersuchtes Material: Mt. Canlaon 7000′, Negros Or., Phil., May 5, 1953, H. M. & D. TOWNES, 2 ♀♀, 1 ♂.

Holotype: Ein ♀ in der Sammlung TOWNES im Museum of Zoology in Ann Arbor, Mich., USA.

Opius pilosisoma n. sp.

♀. – Kopf: Doppelt so breit wie lang, glänzend, fein und ziemlich dicht punktiert und dicht, kurz behaart, nur das Ocellarfeld glatt, Augen eine Spur vorstehend, hinter den Augen gerundet, Schläfen halb so lang wie die Augen, Hinterhaupt fast gerade; Ocellen wenig vorstehend, der Abstand zwischen ihnen so groß wie ein Ocellusdurchmesser, der Abstand des äußeren Ocellus vom inneren Augenrand so groß wie die Breite des Ocellarfeldes. Gesicht quadratisch, fein und dicht punktiert und fein behaart, mit schwachem Mittelkiel, Augenränder ganz parallel; Clypeus um die Hälfte breiter als hoch, weit gegen die Gesichtsmitte vorgezogen, durch eine feine Linie vom Gesicht getrennt, in gleicher Ebene wie das Gesicht liegend, glänzend, schwach behaart, vorne fast gerade; Paraclypealgrübchen voneinander um ein Drittel weiter entfernt als vom Augenrand. Wangen wenig länger als die basale Mandibelbreite. Mund offen, Mandibeln an der Basis nicht erweitert, jedoch gegen die Basis verbreitert, oben an der Spitze schwach ausgeschnitten, so daß fast drei Spitzen zu sehen sind, Maxillartaster so lang wie die Kopfhöhe. Fühler fadenförmig, um ein Drittel länger als der Körper, 25gliedrig; drittes Fühlerglied sechsmal so lang wie breit, die folgenden recht langsam kürzer werdend, das vorletzte Glied dreimal so lang wie breit; die Geißelglieder fast nicht voneinander abgesetzt, kurz und ziemlich dicht behaart, keine Riefung erkennbar.

Thorax: Um die Hälfte länger als hoch, um die Hälfte höher als der Kopf und fast so breit wie dieser, Oberseite sehr flach gewölbt. Mesonotum merklich breiter als lang, vor den Tegulae gleichmäßig gerundet, nur vorne fast gerade, ziemlich gleichmäßig, fein und dicht punktiert und kurz, hell behaart; Notauli nur ganz vorne am Absturz als senkrechte Grübchen ausgebildet, auf der Scheibe fehlend, Rückengrübchen punktförmig, Seiten nur an den Tegulae fein gerandet. Praescutellarfurche flach und schwach krenuliert. Scutellum wie das Mesonotum punktiert und behaart. Postscutellum glatt. Propodeum fein, engmaschig runzelig, matt, mit einigen Querrunzeln. Seite des Thorax äußerst fein, aber dicht punktiert und kurz, hell behaart; Sternaulus lang und schmal und deutlich gekerbt, alle übrigen Furchen einfach. Beine schlank, Hinterschenkel viereinhalbmal so lang wie breit.

Flügel: Stigma keilförmig, *r* entspringt aus dem vorderen Viertel, *r1* punktförmig, ohne Winkel in *r2* übergehend, *r2* doppelt so lang wie *cuqu1*, *r3* nach außen geschwungen, um die Hälfte länger als *r2*, *R* reicht an die Flügelspitze, *n.rec.* postfurkal, *Cu2* nach außen verengt, *d* geht im Bogen in *n.rec.* über, *d* doppelt so lang wie *n.rec.*, *nv* schwach postfurkal, *B* geschlossen, *n.par.* entspringt unter der Mitte von *B; n.rec.* im Hinterflügel fehlend.

Abdomen: Erstes Tergit um die Hälfte länger als hinten breit, nach vorne gleichmäßig verjüngt, mit zwei nach rückwärts konvergierenden Kielen in der vorderen Hälfte, diese berühren einander fast, das ganze Tergit fein punktiert-runzelig und dicht behaart, matt. Zweites Terigt längsrunzelig, nur an den Seiten glatt; dieses Tergit und die folgenden auf der ganzen Oberfläche mit feinen, haartragenden Punkten besetzt. Bohrer kurz vorstehend, kürzer als das erste Tergit.

Färbung: Schwarz. Gelb sind: Scapus, Pedicellus, Clypeus, Mundwerkzeuge, alle Beine, Postscutellum und die Gegend der Wurzeln der Vorder- und Hinterflügel. Tegulae und je ein Streifen unter den Sternauli braun. Apikales Drittel der Hinterschienen und alle Klauenglieder geschwärzt. Flügelnervatur braun, Flügel schwach braun gefärbt.

Absolute Körperlänge: 2,7 mm.

Relative Größenverhältnisse: Körperlänge = 73. Kopf. Breite = 19, Länge = 9, Höhe = 15, Augenlänge = 6, Augenhöhe = 10, Schläfenlänge = 3, Gesichtshöhe = 9, Gesichtsbreite = 10, Palpenlänge = 15, Fühlerlänge = 100. Thorax. Breite = 18, Länge = 32, Höhe = 21, Hinterschenkellänge = 14, Hinterschenkelbreite = 4. Flügel. Länge = 85, Breite = 42, Stigmalänge = 25, Stigmabreite = 4, *r1* = 1, *r2* = 19, *r3* = 28, *cuqu1* = 9, *cuqu2* = 4, *cu1* = 10, *cu2* = 21, *cu3* =21, *n.rec.* = 5, *d* = 9. Abdomen. Länge = 32, Breite = 20; 1. Tergit Länge = 11, vordere Breite = 4, hintere Breite = 7; Bohrerlänge = 5.

♂. – Unbekannt.

Untersuchtes Material: Taplejung Distr., Sangu. c. 6200′, Mixed vegetation by stream in gully, XI. 1961-I. 1962. Brit. Mus. East Nepal Exp.

1961–62. R. L. COE Coll. B. M. 1962 – 177, 1 ♀, Holotype, im British Museum, Nat. Hist. in London.

Anmerkung: Die nächstverwandte Art ist *Opius pilosidorsum* n. sp., von der sich die oben beschriebene Form durch die feine Behaarung des Abdomens und der Toraxseiten unterscheidet. Außerdem ist der Körper fast ganz schwarz.

Opius pseudonepalensis n. sp. (Abb. 54–58)

♀. – Kopf: Doppelt so breit wie lang, glatt, Augen wenig vorstehend, hinter den Augen gerundet, Schläfen von zwei Drittel Augenlänge, Hinterhaupt gebuchtet; Ocellen wenig vortretend, der Abstand zwischen ihnen so groß wie ein Ocellusdurchmesser, der Abstand des äußeren Ocellus vom inneren Augenrand so groß wie die Breite des Ocellarfeldes. Gesicht quadratisch, glatt, glänzend, Mittelkiel kaum abgesetzt, Augenränder fast parallel; Clypeus zweimal so breit wie hoch, gegen das Gesicht halbkreisförmig durch eine feine Linie begrenzt, vorne schwach eingezogen, fast in gleicher Ebene wie das Gesicht liegend; Paraclypealgrübchen voneinander um die Hälfte weiter entfernt als vom Augenrand. Wangen länger als die basale Mandibelbreite. Mund offen, Mandibeln an der Basis nicht erweitert, aber gegen die Basis stark verbreitert, Maxillartaster so lang wie die Kopfhöhe. Fühler fadenförmig, die Geißelglieder der apikalen Hälfte etwas breiter als die der basalen, so lang wie der Körper, 18gliedrig; drittes Fühlerglied fünfmal so lang wie breit, die folgenden merklich kürzer werdend, die Geißelglieder der apikalen Hälfte doppelt so lang wie breit, das vorletzte ebenfalls doppelt so lang wie breit; die Geißelglieder deutlich voneinander abgesetzt, kurz behaart und deutlich gerieft.

Thorax: Um die Hälfte länger als hoch, um ein Drittel höher als der Kopf und nur wenig schmäler als dieser, Oberseite schwach gewölbt. Mesonotum etwas breiter als lang, vor den Tegulae gleichmäßig gerundet, ganz glatt; Vorderecken spurenhaft betont; Notauli vorne tief eingedrückt, glatt, gekrümmt, reichen an den Vorderrand und auf die Scheibe, erlöschen aber hier, ihr gedachter Verlauf durch je eine Reihe feiner Härchen angedeutet, Rückengrübchen tief und verlängert, Seiten nur an den Tegulae gerandet. Praescutellarfurche krenuliert. Scutellum glatt, vorne etwas breiter als lang. Postscutellum glatt. Propodeum mit einem starken, unregelmäßigen, gebogenen Querkiel; der Raum vor diesem mit einigen Längsleistchen, die mit Ausnahme des mittleren nicht an den Vorderrand reichen; der Raum hinter dem Querkiel abschüssig, stellenweise uneben bis runzelig, stellenweise fast glatt. Seite des Prothorax und Mesopleurum glatt, Sternaulus stark eingedrückt und stark krenuliert, ziemlich lang, die übrigen Furchen einfach. Metapleurum glatt. Beine schlank, Hinterschenkel fünfmal so lang wie breit.

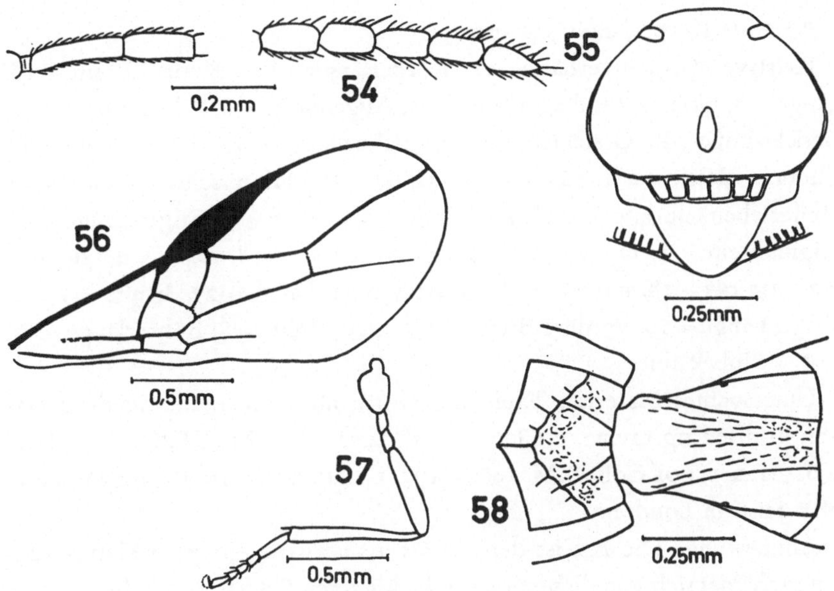

Abb. 54 bis 58. *Opius pseudonepalensis* n. sp. 54. Basis und Ende der Fühlergeißel. 55. Mesonotum und Scutellum. 56. Vorderflügel. 57. Hinterbein. 58. Propodeum und erstes Hinterleibstergit von oben.

Flügel: Stigma keilförmig, *r* entspringt aus dem vorderen Drittel, *r1* äußerst kurz, fast punkförmig, ohne Winkel in *r2* übergehend, *r2* um drei Viertel länger als *cuqu1*, *r3* nach außen geschwungen, um zwei Drittel länger als *r2*, *R* reicht reichlich an die Flügelspitze, *n.rec.* postfurkal, *Cu2* nach außen verengt, *cu2* und *n.rec.* fast eine einheitliche Linie bildend, *d* doppelt so lang wie *n.rec.*, *nv* um die eigene Breite postfurkal, *B* geschlossen, *n.par.* entspringt unter der Mitte von *B*; *n.rec.* im Hinterflügel fehlend.

Abdomen: Erstes Tergit um ein Viertel länger als hinten breit, nach vorne gleichmäßig, geradlinig verjüngt, mit zwei schwachen, seitlichen Kielen, die ganz wenig konvergieren und bis an den Hinterrand reichen, keine seitlichen Tuberkel ausgebildet, das ganze Tergit schwach längsgestreift. Zweites Tergit mit einer schwachen Streifung in der Mitte. Der Rest des Abdomens ohne Skulptur. Bohrer von halber Hinterleibslänge.

Färbung: Schwarz. Gelb sind: Scapus, Pedicellus, Basis der Fühlergeißel, Clypeus, Mundwerkzeuge, alle Beine, Tegulae, Flügelnervatur und ein Teil der Unterseite des Abdomens. Hinterleibsmitte gebräunt. Flügel hyalin.

Absolute Körperlänge: 2,2 mm.

Relative Größenverhältnisse: Körperlänge = 59. Kopf. Breite = 16, Länge = 8, Höhe = 12, Augenlänge = 5, Augenhöhe = 8, Schläfenlänge = 3, Gesichtshöhe = 8, Gesichtsbreite = 9, Palpenlänge = 12, Fühlerlänge = 60. Thorax. Breite = 15, Länge = 24, Höhe = 16, Hinterschenkellänge = 16, Hinterschenkelbreite = 3. Flügel. Länge = 70, Breite = 32, Stigmalänge = 18, Stigmabreite = 4, *r1* = 1, *r2* = 14, *r3* = 23, *cuqu 1* = 8, *cuqu2* = 4, *cu1* = 7, *cu2* = 19, *cu3* = 18, *n.rec.* = 3, *d* = 6. Abdomen. Länge = 27, Breite = 15; 1. Tergit Länge = 10, vordere Breite = 4, hintere Breite = 8, Bohrerlänge = 13.

♂. – Unbekannt.

Untersuchtes Material: Taplejung Distr., above Sangu. Mixed vegetation in dried up ravine. c 6800′, 16. II. 1962, Brit. Mus. East Nepal Exp. 1961-62. R. L. COE Coll. B.M. 1962 – 177, 1♀, Holotype, im British Museum, Nat. Hist. in London.

Anmerkung: Die Art ist dem *Opius nepalensis* n. sp. recht ähnlich. Sie unterscheidet sich von diesem durch die kürzeren Fühler, durch die apikalen Geißelglieder, die nur zweimal so lang wie breit sind, und durch das tiefe, etwas verlängerte Rückengrübchen des Mesonotums.

Opius quercicola n. sp. (Abb. 59)

♀. – Kopf: Doppelt so breit wie lang, glatt, Augen etwas vorstehend, Augen und Schläfen in gemeinsamer Flucht gerundet, Schläfen nur wenig kürzer als die Augen, Hinterhaupt in der Mitte stark gebuchtet; Ocellen kaum vortretend, der Abstand zwischen ihnen größer als ein Ocellusdurchmesser, der Abstand des äußeren Ocellus vom inneren Augenrand so groß wie die Breite des Ocellarfeldes. Gesicht quadratisch, nur ganz wenig breiter als hoch, glänzend, nur mit feinsten Punkten und hellen, verhältnismäßig langen Haaren, Mittelkiel sehr stumpf; Augenränder parallel; Clypeus zweieindrittelmal so breit wie hoch, in gleicher Ebene wie das Gesicht liegend, glatt, durch einen schwachen Eindruck vom Gesicht getrennt, vorne schwach gerundet (fast gerade); Paraclypealgrübchen voneinander fast dreimal so weit enfernt wie vom Augenrand. Wangen so lang wie die basale Mandibelbreite. Mund geschlossen, Mandibeln an der Basis erweitert, Maxillartaster so lang wie die Kopfhöhe. Fühler fadenförmig, um ein Drittel länger als der Körper, 27gliedrig; drittes Fühlerglied dreieinhalbmal so lang wie breit, die folgenden ganz langsam kürzer werdend, das vorletzte doppelt so lang wie breit; die Geißelglieder kaum voneinander abgesetzt, kurz behaart und schwach gerieft, so weit erkennbar von der Seite je zwei Sensillen sichtbar.

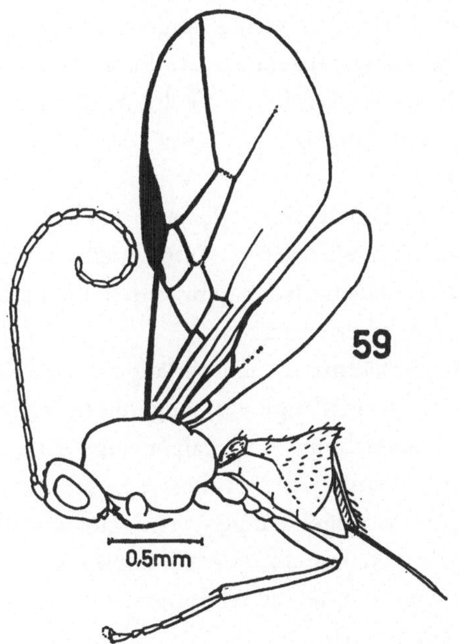

Abb. 59. *Opius quercicola* n. sp. – Körper in Seitenansicht.

Thorax: Um die Hälfte länger als hoch, um ein Viertel höher als der Kopf und etwas schmäler als dieser, Oberseite flach, mit der Unterseite parallel. Mesonotum so breit wie lang, vor den Tegulae gleichmäßig gerundet, glatt, nur an den Vorderecken eine unbedeutende Haarpunktierung erkennbar; Notauli vorne eingedrückt, kaum skulptiert, auf der Scheibe erloschen, ihr gedachter Verlauf durch je eine Reihe feiner Härchen angedeutet, Rückengrübchen fehlt, Seiten überall gerandet, die Randfurchen gehen vorne in die Notauli über. Praescutellarfurche krenuliert. Scutellum glatt. Propodeum äußerst fein runzelig, stellenweise glänzend. Seite des

Thorax ganz glatt, Sternaulus fehlt, alle Furchen einfach. Beine schlank, Hinterschenkel viermal so lang wie breit.

Flügel: Stigma keilförmig, *r* entspringt aus dem vorderen Drittel, *r1* halb so lang wie die Stigmabreite, mit *r2* einen stumpfen Winkel bildend, *r2* doppelt so lang wie *cuqu1*, *r3* nach außen geschwungen, gut doppelt so lang wie *r2*, *R* reicht reichlich an die Flügelspitze, *n.rec.* postfurkal, *Cu2* nach außen verengt, *d* nur wenig länger als *n.rec.*, *nv* um die halbe eigene Länge postfurkal, *B* geschlossen, *n.par.* entspringt etwas unter der Mitte von *B;* *n.rec.* im Hinterflügel schwach angedeutet.

Abdomen: Erstes Tergit nur weing länger als hinten breit, nach vorne gleichmäßig verjüngt, längsrunzelig, matt, die seitlichen Kiele im vorderen Drittel verschwinden rückwärts in der Skulptur. Zweites und die folgenden Tergite glatt. Bohrer so lang wie das erste Tergit. Hypopygium reicht an die Hinterleibsspitze.

Färbung: Schwarz. Braun sind: Scapus, Pedicellus, Mandibeln, alle Beine, Tegulae und Flügelnervatur. Taster gelb. Hinterschienenspitzen, Hintertarsen und alle Klauenglieder gebräunt. Flügel schwach gebräunt.

Absolute Körperlänge: 1,9 mm.

Relative Größenverhältnisse: Körperlänge = 52. Kopf. Breite = 14, Länge = 7, Höhe = 12, Augenlänge = 4, Augenhöhe = 7, Schläfenlänge = 3, Gesichtshöhe = 7, Gesichtsbreite = 8, Palpenlänge = 12, Fühlerlänge = 75. Thorax. Breite = 17, Länge = 21, Höhe = 15, Hinterschenkellänge = 12, Hinterschenkelbreite = 3. Flügel Länge = 70, Breite = 30, Stigmalänge = 16, Stigmabreite = 3, *r1* = 1,5, *r2* = 12, *r3* = 26, *cuqu1* = 6,5, *cuqu2* = 3, *cu1* = 7, *cu2* = 15, *cu3* = 22, *n.rec.* = 6, *d* = 7. Abdomen. Länge = 24, Breite = 10; 1. Tergit Länge = 7, vordere Breite = 4, hintere Breite = 6; Bohrerlänge = 7.

♂. – Unbekannt.

Untersuchtes Material: Taplejung Distr., Damp evergreen oak forest above Sangu, c. 9200′, 2.-26. XI. 1961, Brit. Mus. East Nepal Exp. 1961-62, R. L. COE Coll. B.M. 1962 – 177, 1 ♀, Holotype, im British Museum, Nat. Hist. in London.

Opius raoi n. sp.

♀. – Kopf: Fast doppelt so breit wie lang, glatt, Augen nicht vorstehend, hinter den Augen ebenso breit wie an den Augen, hier nur schwach gerundet, Schläfen so lang wie die Augen, Hinterhaupt stark gebuchtet; Ocellen nicht vortretend, der Abstand zwischen ihnen größer als ein Ocellusdurchmesser, der Abstand des äußeren Ocellus vom inneren Augenrand um ein Drittel größer als die Breite des Ocellarfeldes. Gesicht um ein Drittel breiter als hoch, nur feinst punktiert und fein, weißlich behaart, Mittelkiel nur schwach ausgebildet; Clypeus flach, halbkreisförmig, in gleicher Ebene wie das Gesicht liegend, durch eine feine, aber deutliche Linie vom Gesicht getrennt, vorne gerade abgestutzt; Paraclypealgrübchen sehr klein, der Abstand zwischen ihnen 3-4mal so groß wie ihre Entfernung vom Augenrand. Wangen so lang wie die basale Mandibelbreite. Mund geschlossen, Mandibeln an der Basis deutlich erweitert, Maxillartaster so lang wie die Kopfhöhe. Fühler fadenförmig, nur ganz wenig länger als der Körper, 19-20gliedrig; drittes Fühlerglied dreimal so lang wie breit, die folgenden nur langsam kürzer werdend, das vorletzte doppelt so lang wie breit; die Geißelglieder deutlich voneinander abgesetzt und deutlich gerieft.

Thorax: Um zwei Fünftel länger als hoch, nur wenig höher als der Kopf und etwas schmäler als dieser, Oberseite gewölbt. Mesonotum wenig breiter als lang, vor den Telugae gleichmäßig gerundet, glatt; Notauli fehlen ganz, Rückengrübchen fehlt, Seiten nur an den Tegulae deutlich gerandet. Praescutellarfurche fein krenuliert. Der Rest des Thorax glatt und glänzend, Sternaulus fehlt, alle Furchen einfach. Beine schlank, Hinterschenkel viermal so lang wie breit.

Flügel: Stigma keilförmig, *r* entspringt aus dem vorderen Drittel, *r1* etwas kürzer als die Stigmabreite, im Bogen in *r2* übergehend, *r2* um ein Drittel länger als *cuqu1*, *r3* fast gerade, nur vor der Spitze nach innen geschwungen, zweieinhalbmal so lang wie *r2*, *R* endet vor der Flügelspitze, *n.rec.* postfurkal, *Cu2* nach außen nur ganz wenig verengt, *d* nur ganz wenig länger als *n.rec.*, *nv* um die eigene Breite postfurkal, *B* außen unten offen, *d* geht im Bogen in *n.par.* über; *n.rec.* im Hinterflügel spurenhaft angedeutet.

Abdomen: Erstes Tergit nur wenig länger als hinten breit, nach vorne gleichmäßig verjüngt, mit zwei nach rückwärts konvergierenden Kielen im vorderen Drittel, die Stigmen liegen hinter der Mitte; das ganze Tergit sowie auch der Rest des Abdomens ganz glatt und glänzend. Bohrer versteckt, Hypopygium erreicht im gestreckten Zustand die Hinterleibsspitze.

Färbung: Schwarz. Braun sind: Clypeus, Mundwerkzeuge, alle Beine, Tegulae, Flügelnervatur und die Hinterleibsmitte. Flügel gleichmäßig, schwach braun getrübt.

Absolute Körperlänge: 1,6 mm.

Relative Größenverhältnisse: Körperlänge = 42. Kopf. Breite = 13, Länge = 7, Höhe = 11, Augenlänge = 4, Augenhöhe = 8, Schläfenlänge = 3, Gesichtshöhe = 6, Gesichtsbreite = 8, Palpenlänge = 11, Fühlerlänge = 50. Thorax. Breite = 11, Länge = 17, Höhe = 12, Hinterschenkellänge = 10, Hinterschenkelbreite = 2,5. Flügel. Länge = 53, Breite = 21, Stigmalänge = 12, Stigmabreite = 2, *r1* = 1,5, *r2* = 7, *r3* = 17, *cuqu1* = 5, *cuqu2* = 2,5, *cu1* = 4, *cu2* = 10, *cu3* = 16, *n.rec.* = 4, *d* = 5. Abdomen. Länge = 18, Breite = 10; 1. Tergit Länge = 6, vordere Breite = 3, hintere Breite = 5.

♂. – Vom ♀ nicht verschieden. Fühler bei dem vorliegenden Exemplar 20gliedrig.

Untersuchtes Material: India, New Delhi, III. 1959, M. R. RAO, 17 ♀♀, 1 ♂.

Holotype: Ein ♀ in der Sammlung der University of Wisconsin in Madison, Wis., USA.

Opius rugigaster n. sp. (Abb. 60)

♂. – Kopf: Doppelt so breit wie lang, glatt, mit einer kurzen Längsfurche hinter dem Ocellarfeld, Augen vorstehend, Augen und Schläfen in gemeinsamer Flucht gerundet, Schläfen kaum halb so lang wie die Augen, Hinterhaupt gebuchtet; Ocellen vortretend, der Abstand zwischen ihnen kleiner als ein Ocellusdurchmesser, der Abstand des äußeren Ocellus vom inneren Augenrand so groß wie die Breite des Ocellarfeldes. Gesicht um ein Drittel breiter als hoch, dicht punktiert und dicht, fein, wollig behaart, Augenränder gerade und nach unten divergierend, Mittelkiel oben scharf, unten stumpfer und ebenfalls punktiert; Clypeus durch einen breiten Eindruck vom Gesicht getrennt, hoch und wenig breit, schwach gewölbt, ebenso skulptiert wie das Gesicht, vorne stark gerandet und eingezogen, doppelt so breit wie hoch; Paraclypealgrübchen voneinander um die Hälfte weiter entfernt als vom Augenrand. Wangen so lang wie die basale Mandibelbreite. Mund offen, Mandibeln an der Basis nicht erweitert, Maxillartaster länger als die Kopfhöhe. Fühler fadenförmig, wenig länger als der Körper, 33gliedrig; drittes Fühlerglied dreieinhalbmal so lang wie breit, die Geißelglieder langsam kürzer werdend, das vorletzte Glied doppelt so lang wie breit; die Geißelglieder deutlich voneinander abgesetzt, deutlich gerieft rund kurz behaart.

Thorax: Um drei Viertel länger als hoch, um ein Drittel höher als der Kopf und wenig schmäler als dieser, Oberseite flach, mit der Unterseite parallel. Mesonotum um ein Drittel breiter als lang, Seiten bis zu den

Tegulae schwach gerundet, fein und dicht punktiert und hell behaart, nur die Seitenlappen kahl, die Vorderecke runzelig; Notauli tief und breit, gekerbt, reichen weit auf die Scheibe und erlöschen erst ganz oben, Rückengrübchen zu einer tiefen Längsfurche umgebildet, die vom Hinterrand bis nach vorne zum Absturz reicht und der ganzen Länge nach gekerbt ist; Seiten überall gerandet, die Randfurchen gehen vorne in die Notauli über und sind stark gekerbt. Praescutellarfurche lang und mit mehreren Längsleistchen. Scutellum und Postscutellum glatt. Propodeum grob netzartig runzelig, mit angedeutetem unregelmäßigem Querkiel und davor mit

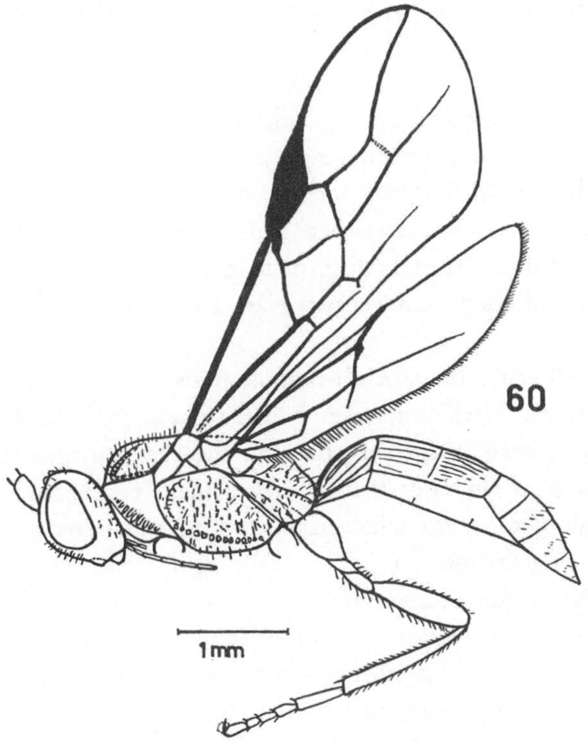

Abb. 60. *Opius rugigaster* n. sp. – Körper in Seitenansicht.

ebensolchem Längskiel. Seite des Prothorax oben glänzend, vordere Furche breit und mit zahlreichen Leistchen, der untere Teil grob runzelig. Mesopleurum glänzend, fein punktiert und fein, hell behaart, Sternaulus lang und schmal, stark gekerbt, geht in die vordere Furche über, diese zieht im Bogen bis zur Wurzel des Hinterflügels und verbreitert sich, sie ist krenuliert bis runzelig; hintere Randfurche einfach; eine eingeschnittene Linie zieht vom Stigma des Mesopleurums im Bogen gegen die Wurzel des Hinterflügels. Metapleurum runzelig, matt. Beine gedrungen, Hinterschenkel dreimal so lang wie breit.

Flügel: Stigma mäßig breit, keilförmig, *r* entspringt vor der Mitte, *r1* von zwei Drittel Stigmabreite, einen stumpfen Winkel mit *r2* bildend, *r2* um ein Drittel länger als *cuqu1*, *r3* nach außen geschwungen, doppelt so lang wie *r2*, *R* reicht reichlich an die Flügelspitze, *n.rec.* postfurkal, *Cu2* nach außen nur schwach verengt, fast parallelseitig, *d* um ein Drittel länger als *n.rec.*, *nv* um die eigene Länge postfurkal, *B* geschlossen, *n.par.* entspringt etwas unter der Mitte von *B*; *n.rec.* im Hinterflügel vorhanden.

Abdomen: Erstes Tergit um ein Drittel länger als hinten breit, Seitenränder in der rückwärtigen Hälfte parallel, dann nach vorne konvergierend, kräftig und ziemlich regelmäßig längsgestreift, die seitlichen Kiele reichen bis an den Hinterrand, sind weit voneinander entfernt und parallel, gehen in die Streifung über, vorne zwischen den Kielen unregelmäßig runzelig. Zweites und drittes Tergit kräftig, nicht ganz regelmäßig längsgestreift, der hintere Rand des dritten Tergites glatt. Der Rest des Abdomens ohne Skulptur.

Färbung: Schwarz. Braun sind: Scapus, Basis des dritten Fühlergliedes, Augenränder, ein Fleck unter den Fühlerwurzeln, Mandibeln mit Ausnahme ihrer Spitzen, Flügelnervatur und die rückwärtigen Abdominaltergite teilweise. Gelb sind: Palpen, alle Beine, Tegulae und die Unterseite des Abdomens. Hinterschienenspitzen und Hintertarsen schwärzlich. Flügel schwach gebräunt.

Absolute Körperlänge: 4,3 mm.

Relative Größenverhältnisse: Körperlänge = 115. Kopf. Breite = 25, Länge = 13, Höhe = 18, Augenlänge = 9, Augenhöhe = 13, Schläfenlänge = 4, Gesichtshöhe = 11, Gesichtsbreite = 15, Palpenlänge = 25, Fühlerlänge = 130. Thorax. Breite = 23, Länge = 42, Höhe = 24, Hinterschenkellänge = 20, Hinterschenkelbreite = 6,5. Flügel. Länge = 95, Breite = 38, Stigmalänge = 22, Stigmabreite = 5, *r1* = 3, *r2* = 13, *r3* = 27, *cuqu1* = 10, *cuqu2* = 5, *cu1* = 12, *cu2* = 18, *cu3* = 21, *n.rec.* = 9, *d* = 12. Abdomen. Länge = 60, Breite = 20; 1. Tergit Länge = 17, vordere Breite = 8, hintere Breite = 14.

♀. – Unbekannt.

Untersuchtes Material: Mt. Canlaon 3600′, Negros Or., Phil. May 8,

1953, H. M. & D. TOWNES, 1 ♂, Holotype, in der Sammlung TOWNES im Museum of Zoology in Ann Arbor, Mich., USA.

Anmerkung: Diese Art unterscheidet sich von allen übrigen bisher bekannt gewordenen Arten der Sektion A durch den langgestreckten Thorax. Außerdem ist sie durch die krenulierte Furche auf dem Mesonotum, die Streifung auf den vorderen Abdominaltergiten und das dicht punktierte Gesicht von allen anderen Species dieses Formenkreises unterschieden.

Opius sabhayanus n. sp. (Abb. 61,62)

♀. – Kopf: Doppelt so breit wie lang, glatt, Augen wenig vorstehend, hinter den Augen gerundet, Schläfen halb so lang wie die Augen, Hinterhaupt schwach gebuchtet; Ocellen schwach vortretend, der Abstand zwischen ihnen eine Spur größer als ein Ocellusdurchmesser, der Abstand des äußeren Ocellus vom inneren Augenrand so groß wie die Breite des Ocellarfeldes. Gesicht um ein Drittel breiter als hoch, glatt, feinst behaart, Punktur nicht erkennbar, Mittelkiel fast nicht ausgebildet, Augenränder nach unten fast konvergierend; Clypeus viermal so breit wie hoch, sichelförmig, gewölbt, durch eine deutliche Linie vom Gesicht getrennt, glänzend, mit einigen undeutlichen Punkten; Paraclypealgrübchen voneinander dreimal so weit entfernt wie vom Augenrand. Wangen kürzer als die basale Mandibelbreite. Mund offen, Mandibeln an der Basis nicht erweitert, aber gegen die Basis verbreitert, Maxillartaster so lang wie die Kopfhöhe. Fühler fadenförmig, fast doppelt so lang wie der Körper, 23gliedrig; drittes Fühlerglied dreimal so lang wie breit, etwa die drei folgenden Glieder gleich lang, alle Geißelglieder langgestreckt, das vorletzte mehr als zweimal so lang wie breit; die Geißelglieder schwach voneinander abgesetzt, kurz behaart und schwach gerieft.

Thorax: Um zwei Fünftel länger als hoch, kaum höher als der Kopf und wenig schmäler als dieser, Oberseite nur schwach gewölbt. Pronotum oben in der Mitte mit einem kleinen, eingedrückten Punkt. Mesonotum merklich breiter als lang, vor den Tegulae gleichmäßig gerundet, glatt; Notauli vorne eingedrückt, schwach skulptiert, reichen auf die Scheibe, erlöschen aber hier, ihr gedachter Verlauf durch je eine Reihe feiner Härchen angedeutet, Seiten überall gerandet, die Randfurchen gehen vorne in die Notauli über. Praescutellarfurche mit zahlreichen Leistchen, seitlich nicht abgekürzt. Scutellum glatt, vorne seitlich gerandet. Postscutellum in der Tiefe uneben. Propodeum fein runzelig, mit einer darübergelagerten, netzartigen Skulptur. Seite des Prothorax feinst runzelig. Mesopleurum glatt, Sternaulus kurz und runzelig, die übrigen Furchen einfach. Metapleurum glatt. Beine schlank, Hinterschenkel fünfmal so lang wie breit.

Flügel: Stigma keilförmig, *r* entspringt aus dem vorderen Viertel, *r1* halb so lang wie die Stigmabreite, ohne Winkel in *r2* übergehend, *r2* um zwei Drittel länger als *cuqu1*, *r3* nach außen geschwungen, dreimal so lang wie *r2*, *R* reicht reichlich an die Flügelspitze, *n.rec.* interstitial, *Cu2* nach außen verengt, *d* so lang wie *n.rec.*, *nv* fast um die eigene Breite postfurkal, *B* unvollständig geschlossen, *n.par.* entspringt aus der Mitte von *B; n.rec.* im Hinterflügel fehlend.

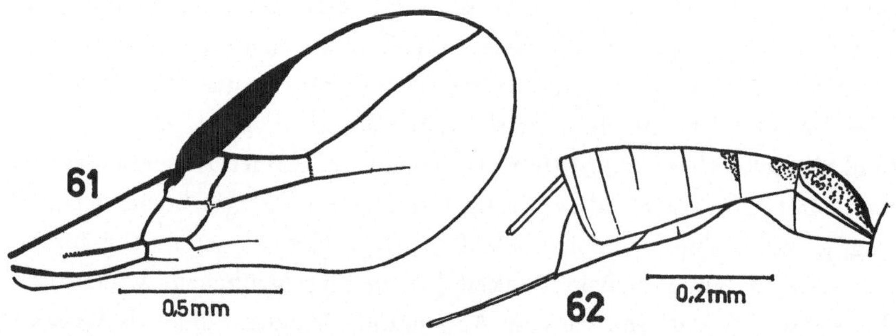

Abb. 61. *Opius sabhayanus* n. sp. – Vorderflügel.
Abb. 62. *Opius sabhayanus* n. sp. – Abdomen in Seitenansicht.

Abdomen: Erstes Tergit so lang wie hinten breit, nach vorne gleichmäßig verjüngt, mit schwachen Tuberkeln in der Mitte der Seitenränder, in der Mitte etwas gewölbt, runzelig, matt, mit zwei schwachen, weit voneinander entfernten Kielen im vorderen Drittel. Zweites Tergit chagriniert, drittes schwach chagriniert, die übrigen glatt. Bohrer eine Spur vorstehend, Bohrerklappen so lang wie das erste Tergit.

Färbung: Rotbraun. Dunkel sind: Fühlergeißeln, Ocellarfeld, Mesonotum, das Hinterleibsende und die Bohrerklappen. Flügelnervatur, Hinterschienenspitzen und Hinterartsen braun. Flügel kaum bräunlich getrübt.

Absolute Körperlänge: 1,3 mm.

Relative Größenverhältnisse: Körperlänge = 36. Kopf. Breite = 12, Länge = 6, Höhe = 10, Augenlänge = 4, Augenhöhe = 7, Schläfenlänge = 2, Gesichtshöhe = 6, Gesichtsbreite = 8, Palpenlänge = 10, Fühlerlänge = 60. Thorax. Breite = 10, Länge = 15, Höhe = 11, Hinterschenkellänge = 10,

Hinterschenkelbreite = 2. Flügel. Länge = 45, Breite = 21, Stigmalänge = 13, Stigmabreite = 2, *r1* = 1, *r2* = 7, *r3* = 20, *cuqu1* = 4, *cuqu2* = 2, *cu1* = 4, *cu2* = 9, *cu3* = 16, *n.rec.* = 4, *d* = 4. Abdomen. Länge = 15, Breite = 9; 1. Tergit Länge = 5, vordere Breite = 3, hintere Breite = 5; Bohrerlänge = 3.

♂. – Unbekannt.

Untersuchtes Material: Evergreen shrubs on sandy shore. 9.-17. XII. 1961. Arun Valley: below Tumlingstar, River Sabhaya, west shore, c. 1800′. Brit. Mus. East Nepal Exp. 1961 – 62 R.L. COE Coll. B.M. 1962-177, 1 ♀, Holotype, im British Museum, Nat. Hist. in London.

Opius sanguanus n. sp. (Abb. 63–66)

♂. – Kopf: Doppelt so breit wie lang, glatt, Augen vorstehend, hinter den Augen gerundet, Schläfen etwas kürzer als die Augen, Hinterhaupt gebuchtet; Ocellen vortretend, der Abstand zwischen ihnen so groß wie ein Ocellusdurchmesser, der Abstand des äußeren Ocellus vom inneren Augenrand nur wenig größer als die Breite des Ocellarfeldes. Gesicht um ein Drittel breiter als hoch, glatt und glänzend, feinst behaart, Augenränder nach unten nur schwach divergierend; Clypeus zweieinhalbmal so breit wie hoch, fast sichelförmig, durch einen tiefen Eindruck vom Gesicht getrennt, vorne schwach eingezogen, glatt; Paraclypealgrübchen voneinander zweimal so weit entfernt wie vom Augenrand. Wangen so lang wie die basale Mandibelbreite. Mund offen, Mandibeln an der Basis nicht erweitert, Maxillartaster so lang wie die Kophöhe. Fühler borstenförmig, gegen das Ende merklich schmäler werdend, um ein Drittel länger als der Körper, 23gliedrig; drittes Fühlerglied zweieinhalbmal so lang wie breit, die folgenden nur langsam kürzer werdend, das vorletzte nicht ganz doppelt so lang wie breit; die Geißelglieder nur schwach voneinander abgesetzt, kurz und dicht behaart, keine Riefen zu erkennen.

Thorax: Um ein Drittel länger als hoch, um ein Drittel höher als der Kopf und etwa gleich breit wie dieser, Oberseite stark gewölbt. Pronotum oben in der Mitte mit einem grübchenförmigen Eindruck. Mesonotum etwas breiter als lang, vor den Tegulae gleichmäßig gerundet, ganz glatt; Notauli nur ganz vorne eingedrückt, auf der Scheibe erloschen, ihr gedachter Verlauf durch je eine Reihe feiner Härchen angedeutet, Rückengrübchen tief und punktförmig, nur wenig verlängert, Seiten überall deutlich gerandet, die Randfurchen gehen vorne in die Notauli über und sind schwach gekerbt. Praescutellarfurche seitlich nicht abgekürzt, schwach gekrümmt und gekerbt. Scutellum glatt. Postscutellum glänzend, uneben. Propodeum mit einem unregelmäßigen, starken, bogenförmigen Querkiel vor der Mitte, vor demselben mit Mittelkiel; der Raum vor dem Kiel glatt, der Raum hinter dem Kiel stark abschüssig, mit schwach angedeuteter, breiter, fünfseitiger Areola; letztere größtenteils glänzend, nur stellenweise uneben, die Seitenfelder glänzend bis uneben. Seite des Prothorax glatt, die Furchen kaum skulptiert. Mesopleurum glatt, Sternaulus tief und ziemlich lang, scharf gekerbt, die übrigen Furchen einfach. Metapleurum glatt und glänzend, mit längeren, abstehenden, hellen Haaren. Beine schlank, Hinterschenkel fünfmal so lang wie breit.

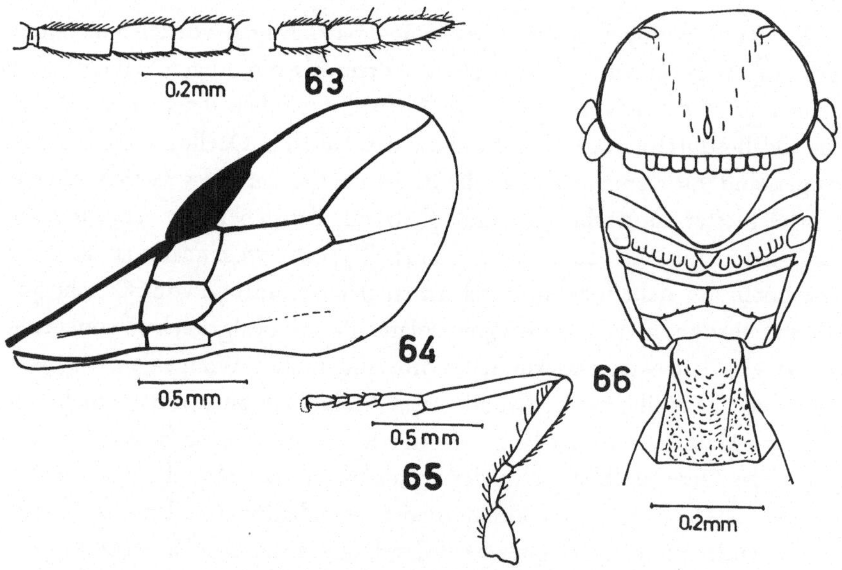

Abb. 63. *Opius sanguanus* n. sp. – Basis und Ende der Fühlergeißel.
Abb. 64. *Opius sanguanus* n. sp. – Vorderflügel.
Abb. 65. *Opius sanguanus* n. sp. – Hinterbein.
Abb. 66. *Opius sanguanus* n. sp. – Thorax und erstes Abdominaltergit van oben.

Flügel: Stigma keilförmig, *r* entspringt aus dem vorderen Drittel, *r1* halb so lang wie die Stigmabreite, einen stumpfen Winkel mit *r2* bildend, *r2* doppelt so lang wie *cuqu1*, *r3* nach außen geschwungen, um die Hälfte länger als *r2*, *R* reicht reichlich an die Flügelspitze, *n.rec.* stark postfurkal, der Abschnitt von *cu* zwischen *cuqu1* und *n.rec.* nur wenig kürzer als *n.rec.*, *Cu2* nach außen verengt, *n.rec.* und *cu2* eine einheitlich geschwungene

Linie bildend, *d* doppelt so lang wie *n.rec.*, *nv* interstitial, *B* geschlossen, *n.par.* entspringt aus der Mitte von *B; n.rec.* im Hinterflügel fehlend.

Abdomen: Erstes Tergit um ein Drittel länger als hinten breit, nach vorne geradlinig verjüngt, mit zwei nach rückwärts fast geradlinig konvergierenden Kielen, die bis an den Hinterrand reichen, vorne treten sie stark vor, der mediane Raum etwas erhaben; das ganze Tergit uneben bis runzelig, die seitlichen Stigmen liegen hinter der Mitte. Der Rest des Abdomens ohne Skulptur.

Färbung: Schwarz. Gelb sind: Scapus, Pedicellus, Taster, alle Beine und die Tegulae. Mandibeln und Flügelnervatur braun. Flügel hyalin.

Absolute Körperlänge: 2,1 mm.

Relative Größenverhältnisse: Körperlänge = 56. Kopf. Breite = 17, Länge = 8, Höhe = 14, Augenlänge = 5, Augenhöhe = 9, Schläfenlänge = 3, Gesichtshöhe = 7, Gesichtsbreite = 9, Palpenlänge = 15, Fühlerlänge = 70. Thorax. Breite = 16, Länge = 24, Höhe = 18, Hinterschenkellänge = 14, Hinterschenkelbreite = 3. Flügel. Länge = 65, Breite = 31, Stigmalänge = 15, Stigmabreite = 3,5, *r1* = 2, *r2* = 13, *r3* = 19, *cuqu1* = 7, *cuqu2* = 4, *cu1* = 7, *cu2* = 17, *cu3* = 15, *n.rec.* = 4, *d* = 8. Abdomen. Länge = 24, Breite = 15; 1. Tergit Länge = 9, vordere Breite = 4, hintere Breite = 7.

♀. – Unbekannt.

Untersuchtes Material: Taplejung Distr., Edge of mixed forest above Sangu. c. 6500,′ 17. X.-1. XI. 1961, Brit. Mus. East Nepal Exp. 1961-62. R. L. COE Coll. B.M. 1962-177, 1 ♂, Holotype, im British Museum, Nat. Hist. in London.

Opius sauteri FI.

Opius sauteri FISCHER, Acta ent. Mus. Nat. Pragae 35, 1963, p. 211, ♂.

Opius seminotaulicus FI.

Opius seminotaulicus FISCHER, Ann. Mus. Civ. Stor. Nat. Genova 73, 1962, p. 91, ♀.

Opius sibulanus n. sp. (Abb. 67)

♂. – Kopf: Doppelt so breit wie lang, glatt, Augen kaum vorstehend, hinter den Augen gerundet, Schläfen von zwei Drittel Augenlänge, Hinterhaupt fast gerade; Ocellen schwach vortretend, der Abstand zwischen ihnen größer als ein Ocellusdurchmesser, der Abstand des äußeren Ocellus vom inneren Augenrand so groß wie die Breite des Ocellarfeldes. Gesicht nur wenig breiter als hoch, glänzend, dicht punktiert und kurz, hell behaart, schwach gewölbt, Mittelkiel fehlt, Augenränder nach unten ganz wenig divergierend; Clypeus oben halbkreisförmig, nur durch eine verschwommene Linie vom Gesicht getrennt, mit kleinen Grübchen seitlich an der Basis, vorne gerundet, in gleicher Ebene wie das Gesicht liegend, größtenteils glatt und glänzend. Wangen länger als die basale Mandibelbreite. Mund geschlossen, Mandibeln an der Basis nicht erweitert, Maxillartaster so lang wie die Kopfhöhe. Fühler fadenförmig, um die Hälfte länger als der Körper, 47gliedrig; drittes Fühlerglied zweieinhalbmal so lang wie breit, die folgenden nur unbedeutend kürzer werdend, das vorletzte doppelt so lang wie breit; die Geißelglieder dicht behaart und schwach voneinander abgesetzt, die Riefen kaum erkennbar.

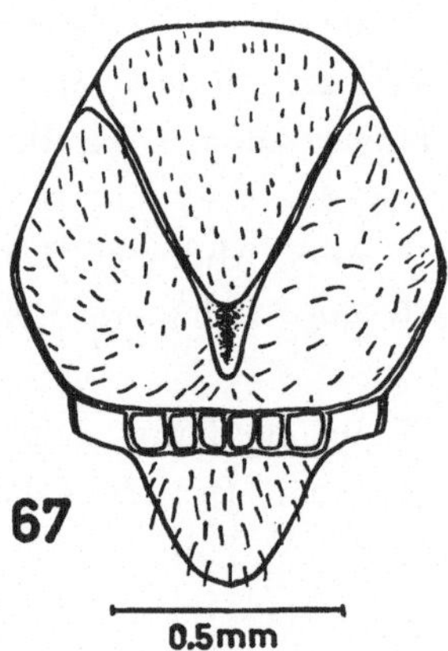

Abb. 67. *Opius sibulanus* n. sp. – Mesonotum und Scutellum.

Thorax: Um zwei Fünftel länger als hoch, um ein Drittel höher als der Kopf und gleich breit wie dieser, Oberseite gewölbt. Mesonotum nur um eine Spur breiter als lang, Seitenränder vor den Tegulae nach vorne bis zu den Schulterecken geradlinig konvergierend, Vorderrand ziemlich gerade, ganz glatt, feine, haartragende Punkte über die ganze Oberfläche verteilt; Notauli tief eingegraben, vollständig und gerade, vereinigen sich am tiefen Rückengrübchen, Mittellappen abgetrennt, Seiten überall scharf gerandet. Praescutellarfurche mit mehreren Längsleistchen, seitlich kaum abgekürzt, Axillae klein. Scutellum glänzend, mit einigen feinen Haarpunkten. Postscutellum mit wenigen Rippchen. Propodeum grob, irregulär runzelig, mit ziemlich langer und dichter, heller Behaarung. Seite des Prothorax glatt und glänzend. Mesopleurum glatt, das Feld in der Nähe der Mittelhüfte und ein breiter Streifen, der zu der Vorderecke zieht, mit zahlreichen Punkten und langen, hellen Haaren; Sternaulus deutlich eingedrückt, reicht nicht ganz an den Vorder- oder Hinterrand, mit einigen deutlichen Leistchen; die übrigen Furchen einfach. Metapleurum glänzend, mit feinen, haartragenden Punkten, die Behaarung lang und hell. Beine schlank, Hinterschenkel viermal so lang wie breit.

Flügel: Stigma breit, dreieckig, *r* entspringt aus der Mitte, *r1* kaum halb so lang wie die Stigmabreite, einen stumpfen Winkel mit *r2* bildend, *r2* um eine Spur kürzer als *cuqu1*, *r3* gerade, viermal so lang wie *r2*, *R* reicht noch an die Flügelspitze, *n.rec.* postfurkal, *Cu2* nach außen kaum verengt, *d* doppelt so lang wie *n.rec.*, *nv* fast um die eigene Länge postfurkal, *B* geschlossen, *n.par.* entspringt unter der Mitte von *B; n.rec.* im Hinterflügel vorhanden.

Abdomen: Erstes Tergit nur wenig länger als hinten breit, nach vorne geradlinig verjüngt, regelmäßig längsgestreift, mit drei parallelen Längskielen, die sich aber in der Streifung verlieren. Zweites Tergit wie das erste kräftig längsgestreift, nur die seitlichen Teile glatt. Der Rest des Abdomens ohne Skulptur.

Färbung: Schwarz. Gelb sind: Kopf mit Ausnahme von Stirn und Ocellarfeld, Mundwerkzeuge außer den Mandibelspitzen, Prothorax, Vorder- und Mittelbeine, Tegulae, erstes und zweites Abdominaltergit. Hinterbeine zur Gänze braun, ebenso die Flügelnervatur. Flügel schwach getrübt.

Absolute Körperlänge: 4,4 mm.

Relative Größenverhältnisse: Körperlänge = 120. Kopf. Breite = 31, Länge = 15, Höhe = 24, Augenlänge = 9, Augenhöhe = 11, Schläfenlänge = 6, Gesichtshöhe = 17, Gesichtsbreite = 20, Palpenlänge = 25, Fühlerlänge = 190. Thorax. Breite = 30, Länge = 45, Höhe = 32, Hinterschenkellänge = 28, Hinterschenkelbreite = 7. Flügel. Länge = 125, Breite = 50, Stigmalänge = 28, Stigmabreite = 8, *r1* = 3, *r2* = 10, *r3* = 40, *cuqu1* = 12, *cuqu2* = 8, *cu1* = 13, *cu2* = 19, *cu3* = 34, *n.rec.* = 10, *d* = 20. Abdomen. Länge = 60, Breite = 25; 1. Tergit Länge = 22, vordere Breite = 10, hintere Breite = 18.

♀. – Unbekannt.

Untersuchtes Material: Sibulan Riv. 31-VIII, 7-8000 ft., Mt. Apo, Mindanao, Phil. Islds., C. S. CLAGG, 1 ♂, Holotype, im Museum of Comparative Zoology in Cambridge, Mass., USA.

Anmerkung: Die Art steht dem *Opius comperei* (VIER.) am nächsten, doch ist die Praescutellarfurche länger und mit mehreren Längsleistchen versehen, die Axillae sind kleiner, der Thorax größtenteils dunkel.

Opius signatarius n. sp.

♀. – Kopf: Gut doppelt so breit wie lang, glatt, Augen vorstehend, Augen und Schläfen in gemeinsamer Flucht gerundet, Schläfen von ein Drittel Augenlänge, Hinterhaupt gebuchtet; Ocellen etwas vortretend, der Abstand zwischen ihnen so groß wie ein Ocellusdurchmesser, der Abstand des äußeren Ocellus vom inneren Augenrand so groß wie die Breite des Ocellarfeldes. Gesicht nur eine Spur breiter als hoch, glatt, mit feinsten Haaren, Mittelkiel stumpf aufgewölbt, Augenränder nach unten schwach divergierend; Clypeus recht hoch, schwach gewölbt, ganz glatt, vorne schwach eingezogen; Paraclypealgrübchen voneinander um ein Drittel weiter entfernt als vom Augenrand. Wangen länger als die basale Mandibelbreite. Mund offen, Mandibeln an der Basis nicht erweitert, Maxillartaster so lang wie die Kopfhöhe. Fühler fadenförmig, wenig länger als der Körper, 21gliedrig; drittes Fühlerglied dreimal so lang wie breit, die folgenden langsam kürzer werdend, das vorletzte um die Hälfte länger als breit; die Geißelglieder bis etwa zum 15. langgestreckt und eng aneinanderschließend, die folgenden deutlich voneinander getrennt; alle Geißelglieder deutlich gerieft.

Thorax: Um zwei Fünftel länger als hoch, um ein Viertel höher als der Kopf und wenig schmäler als dieser, Oberseite flach gewölbt. Mesonotum um ein Drittel breiter als lang, vor den Tegulae gleichmäßig gerundet, ganz glatt; Notauli vorne eingedrückt und glatt, ihr Vorderrand durch eine erhabene Kante begrenzt, reichen nicht auf die Scheibe, Rückengrübchen punktförmig, Seiten überall fein gerandet, die Randfurchen gehen vorne in die Notauli über. Praescutellarfurche seitlich nicht abgekürzt und dicht krenuliert. Scutellum und Postscutellum glatt. Propodeum ebenfalls glatt, mit einem scharfen, gebogenen Querkiel; von diesem führen 4 Kiele zur Spitze, so dass hinter dem Kiel vier Felder entstehen; nach vorne zieht ein mittlerer Längskiel und außerdem sind vier weitere parallele Kiele spurenhaft entwickelt. Seite des Prothorax glatt. Mesopleurum glatt, Sternaulus kurz und fein gekerbt, alle übrigen Furchen einfach. Metapleurum glatt. Beine schlank, Hinterschenkel fünfmal so lang wie breit.

Flügel: Stigma keilförmig, *r* entspringt aus dem vorderen Drittel, *r1* punktförmig, ohne Winkel in *r2* übergehend, *r2* doppelt so lang wie *cuqu1*, *r3* nach außen geschwungen, um zwei Drittel länger als *r2*, *R* reicht an die Flügelspitze, *n.rec.* postfurkal, *Cu2* nach außen nur schwach verengt, *d* nur ganz wenig länger als *n.rec.*, *nv* fast interstitial, *B* geschlossen, *n.par.* entspringt unter der Mitte von *B*; *n.rec.* im Hinterflügel fehlend.

Abdomen: Erstes Tergit um ein Viertel länger als hinten breit, nach vorne geradlinig verjüngt, die seitlichen Tuberkel schwach entwickelt, sie liegen knapp hinter der Mitte, die beiden Kiele im vorderen Viertel halbkreisförmig geschlossen, der Raum, den sie begrenzen, ausgehöhlt und glatt, von hier gehen drei nicht ganz regelmäßige Längskiele aus, die bis an den Hinterrand reichen, das mediane Feld schwach runzelig, die lateralen Felder glatt. Zweites Tergit um die Hälfte länger als das dritte, der mediane Raum nicht ganz regelmäßig, aber kräftig längsgestreift, die Sutur zwischen dem zweiten und dritten Tergit tief und deutlich gekerbt. Die restlichen Tergite glatt. Bohrer versteckt.

Färbung: Schwarz. Fühlerglieder 16-20 hellgelb. Gelb sind: Scapus, Pedicellus, Mundwerkzeuge, alle Beine, Tegulae und Flügelnervatur. Hintertarsen wenig dunkler. Flügel hyalin.

Absolute Körperlänge: 2,6 mm.

Relative Größenverhältnisse: Körperlänge = 70. Kopf. Breite = 17, Länge = 8, Höhe = 11, Augenlänge = 6, Augenhöhe = 8, Schläfenlänge = 2, Gesichtshöhe = 7, Gesichtsbreite = 8, Palpenlänge = 12, Fühlerlänge = 80. Thorax. Breite = 15, Länge = 25, Höhe = 15, Hinterschenkellänge = 15, Hinterschenkelbreite = 3. Flügel. Länge = 75, Breite = 32, Stigmalänge = 18, Stigmabreite = 4, *r1* = 1, *r2* = 16, *r3* = 26, *cuqu1* = 8, *cuqu2* = 5, *cu1* = 7, *cu2* = 21, *cu3* = 20, *n.rec.* = 5, *d* = 6. Abdomen. Länge = 28, Breite = 13; 1. Tergit Länge = 10, vordere Breite = 4, hintere Breite = 8.

♂. – Unbekannt.

Untersuchtes Material: Oakforest 7800′ Mt. Data, Phil., Dec. 31, 1952, H. M. & D. TOWNES, 2 ♀♀, eines davon die Holotype, in der Sammlung TOWNES im Museum of Zoology in Ann Arbor, Mich., USA.

Opius signatinotum n. sp.

♀. – Kopf: Mehr als doppelt so breit wie lang, glatt, Augen vorstehend, Augen und Schläfen in gemeinsamer Flucht gerundet, Schläfen von ein Drittel Augenlänge, Hinterhaupt gebuchtet; Ocellen kaum vortretend, der Abstand zwischen ihnen so groß wie ein Ocellusdurchmesser, der Abstand des äußeren Ocellus vom inneren Augenrand so groß wie die Breite des Ocellarfeldes. Gesicht um ein Viertel breiter als hoch, glatt, nur mit einzelnen feinen, schwach eingestochenen haartragenden Punkten, Augen parallel, Mittelkiel verhältnismäßig scharf; Clypeus hoch, nur doppelt so breit wie hoch, schwach gewölbt, glatt, durch einen deutlichen Eindruck vom Gesicht getrennt, vorne gerandet, schwach aufgebogen und gerade abgestutzt; Paraclypealgrübchen voneinander nur um ein Drittel weiter entfernt als vom Augenrand. Wangen fast länger als die basale Mandibelbreite. Mund schmal offen, Mandibeln an der Basis nicht erweitert, nur mit einer Kante, Maxillartaster länger als die Kopfhöhe. Fühler fadenförmig, um die Hälfte länger als der Körper 27-29gliedrig; drittes Fühlerglied dreieinhalbmal so lang wie breit, die folgenden nur langsam kürzer werdend, das vorletzte doppelt so lang wie breit; die Geißelglieder schwach voneinander abgesetzt, deutlich gerieft und ziemlich dicht behaart, die Haare so lang wie die Breite der Geißelglieder.

Thorax: Um zwei Fünftel länger als hoch, um ein Viertel höher als der Kopf und wenig schmäler als dieser, Oberseite schwach gewölbt. Mesonotum etwas breiter als lang, vor den Tegulae gleichmäßig gerundet, glatt; Notauli vollständig und in Form von in zwei stimmgabelförmig angeordneten Grübchenreichen ausgebildet, die fast an das punktförmig, aber deutlich ausgebildete Rückengrübchen heranreichen; außerdem sind sie von je einer Schar feiner, verhältnismäßig langer Haare begleitet, Seiten überall gerandet, die Randfurchen der ganzen Länge nach scharf gekerbt und mit einzelnen Haaren versehen, vorne treffen sie sich in spitzem Winkel mit den Notauli. Praescutellarfurche lang, nur um ein Drittel kürzer als das Scutellum, mit wenigen Längsleistchen. Scutellum und Postscutellum glatt. Propodeum stellenweise glänzend, mit zahlreichen feinen Kielen, die zusammen eine weitmaschige Skulptur ergeben; ferner ist ein Querkiel ausgebildet, von dem zwei Ecken schwach vorspringen und davor ist ein angedeuteter Längskiel. Seite des Prothorax glatt, nur die vordere Furche mit Spuren von Kerben. Mesonotum glatt, Sternaulus breit und tief, reicht aber weder an den Vorder- noch an den Hinterrand, in der Tiefe mit mehreren deutlichen Kerben, die übrigen Furchen einfach. Metapleurum fein runzelig, mit längeren, abstehenden Haaren. Beine schlank, Hinterschenkel viereinhalbmal so lang wie breit.

Flügel: Stigma flach dreieckig, *r* entspringt etwas vor der Mitte, *r1* kaum halb so lang wie die Stigmabreite, einen stumpfen Winkel mit *r2* bildend, *r2* doppelt so lang wie *cuqu1*, *r3* nach außen geschwungen, doppelt so lang wie *r2*, *R* reicht reichlich an die Flügelspitze, *n.rec.* stark antefurkal, *Cu2* nach außen schwach verengt, *d* doppelt so lang wie *n.rec.*, *nv* schwach postfurkal, *B* geschlossen, *n.par.* entspringt aus der Mitte von *B; n.rec.* im Hinterflügel fehlend.

Abdomen: Erstes Tergit um die Hälfte länger als hinten breit, nach vorne gleichmäßig verjüngt, nicht ganz regelmäßig längsgestreift, die seitlichen Kiele des vorderen Viertels vereinigen sich und bilden einen schwachen Längskiel, der bis an den rückwärtigen Rand reicht, Stigmen nicht vortretend, Seiten fein gerandet. Die restlichen Tergite ganz glatt. Bohrer kurz vorstehend, halb so lang wie das erste Tergit.

Färbung: Schwarz. Gelb sind: Scapus, Pedicellus, Taster, alle Beine, Tegulae, Flügelnervatur. Clypeus und Mandibeln gebräunt. Fühlerglieder 18-20 an der Type weiß, bei einem Exemplar die 6 letzten Glieder weiß, bei einem weiteren sämtliche Glieder dunkel. Flügel hyalin. Abdomen mit Ausnahme des ersten Tergites braun, stellenweise geschwärzt. Hintertarsen schwach gebräunt.

Absolute Körperlänge: 2,6 mm.

Relative Größenverhältnisse: Körperlänge = 69. Kopf. Breite = 20, Länge = 9, Höhe = 14, Augenlänge = 7, Augenhöhe = 10, Schläfenlänge = 2, Gesichtshöhe = 8, Gesichtsbreite = 10, Palpenlänge = 20, Fühlerlänge = 110. Thorax. Breite = 18, Länge = 28, Höhe = 17, Hinterschenkellänge = 18, Hinterschenkelbreite = 4. Flügel. Länge = 85, Breite = 35, Stigmalänge = 20, Stigmabreite = 5, *r1* = 2, *r2* = 14, *r3* = 28, *cuqu1* = 7, *cuqu2* = 4, *cu1* = 10, *cu2* = 17, *cu3* = 22, *n.rec.* = 5, *d* = 10. Abdomen. Länge = 32, Breite = 16; 1. Tergit Länge = 14, vordere Breite = 5, hintere Breite = 10; Bohrerlänge = 7.

♂. – Fühler 29gliedrig, bei einem Exemplar 41gliedrig. Wegen der sonstigen Übereinstimmung mit den übrigen Exemplaren muß das letztere Exemplar trotz der hohen Zahl der Fühlerglieder vorläufig zu dieser Art gestellt werden.

Untersuchtes Material: Mt. S. Tomas 6500′ nr. Baguio, Phil., Dec. 28, 1952, H. M. & D. TOWNES, 1 ♀. – Benaue, Mt. Prov. 1. I. 54, Phil., H. M. & D. TOWNES, 1 ♀. – Mt. Canlaon 7000′, Negros Or. Phil., May 5, 1953, H. M. & D. TOWNES, 1 ♀. – Oakforest, 7800′, Mt. Data, Phil., Dec. 31, 1952, H. M. & D. TOWNES, 2 ♂♂.

Holotype: Das ♀ von Mt. S. Tomas in der Sammlung TOWNES im Museum of Zoology in Ann Arbor, Mich., USA.

Anmerkung: Die Art ist dem *Opius lepidus* GAHAN nahestehend und u.a. durch den stark antefurkalen *n.rec.* unterschieden.

Opius signatitibia n. sp. (Abb 68–70)

♀. – Kopf: Gut doppelt so breit wie lang, glatt, Augen groß und stark vorstehend, hinter den Augen stark verengt, Schläfen von ein Fünftel Augenlänge, Hinterhaupt stark gebuchtet; Ocellen vortretend, verhältnismäßig weit vorn liegend, der Abstand zwischen ihnen so groß wie ein Ocellusdurchmesser, der Abstand des äußeren Ocellus vom inneren Augenrand so groß wie die Breite des Ocellarfeldes. Gesicht an der schmalsten Stelle so breit wie hoch, glänzend, mit zahlreichen eingestochenen Punkten und fein behaart, mit stumpfem, glänzendem Mittelkiel, Augenränder nach unten stark divergierend; Clypeus viermal so breit wie hoch, durch eine feine Linie vom Gesicht getrennt, vorne schwach eingezogen, fast gerade, schwach gewölbt, glänzend, mit einzelnen haartragenden Punkten besetzt; Paraclypealgrübchen voneinander zweimal so weit entfernt wie vom Augenrand. Wangen kürzer als die basale Mandibelbreite. Mund offen, Mandibeln an der Basis erweitert, Maxillartaster so lang wie die Kopfhöhe. Schläfen nach unten merklich verbreitert. Fühler an dem vorliegenden Exemplar beschädigt, 24 Glieder sichtbar; wohl länger als der Körper und fadenförmig; drittes Fühlerglied dreimal so lang wie breit, die folgenden langsam kürzer werdend, die Geißelglieder nur undeutlich voneinander abgesetzt, kurz behaart und schwach gerieft.

Thorax: Um zwei Fünftel länger als hoch, um zwei Drittel höher als der Kopf und merklich schmäler als dieser, Oberseite gewölbt. Mesonotum um ein Drittel breiter als lang, vor den Tegulae gleichmäßig gerundet, glatt; Notauli nur an den Vorderecken ausgebildet, glatt, auf der Scheibe erloschen, ihr gedachter Verlauf durch je eine Reihe feiner Härchen angedeutet, Rückengrübchen punktförmig, Seiten überall gerandet, die Randfurchen gehen vorne in die Notauli über. Praescutellarfurche mit einigen Längsleistchen. Scutellum vorne breiter als lang, glatt. Postscutellum glatt. Propodeum mäßig grob runzelig, matt. Seite des Prothorax glatt, nur die vordere Furche unten mit einigen Rippchen. Mesopleurum glatt, Sternaulus lang-oval eingedrückt, mit einigen äußerst feinen Kerben, die übrigen Furchen einfach. Metapleurum glänzend und mit feinen, langen Haaren besetzt; gegen die Ränder runzelig punktiert. Beine schlank, Hinterschenkel viermal so lang wie breit.

Flügel: Stigma mäßig breit, dreieckig, *r* entspringt wenig vor der Mitte, *r1* weniger als halb so lang wie die Stigmabreite, ohne Winkel in *r2* übergehend, *r2* um die Hälfte länger als *cuqu1*, *r3* nach außen geschwungen, doppelt so lang wie *r2*, *R* reicht an die Flügelspitze, *n.rec.* stark postfurkal, *Cu2* nach außen verengt, *d* um zwei Drittel länger als *n.rec.*, *nv* um die eigene Länge postfurkal, *B* geschlossen, *n.par.* entspringt aus der Mitte von *B*; *n.rec.* im Hinterflügel angedeutet.

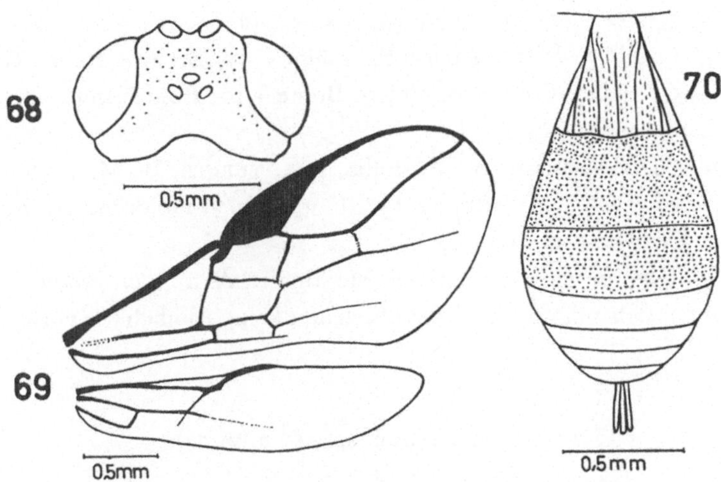

Abb. 68. *Opius signatitibia* n. sp. – Kopf von oben.
Abb. 69. *Opius signatitibia* n. sp. – Vorder- und Hinterflügel.
Abb. 70. *Opius signatitibia* n. sp. – Abdomen von oben.

Abdomen: Erstes Tergit um ein Drittel länger als hinten breit, nach vorne gleichmäßig verjüngt, mit zwei geraden, nach rückwärts konvergierenden, bis an den Hinterrand reichenden Längskielen, der Raum zwischen diesen erhaben und mit einigen Längsstreifen, die lateralen Felder uneben bis schwach runzelig. Zweites Tergit etwas länger als das dritte, zweites und drittes Tergit gleichmäßig, fein chagriniert, matt, beide Tergite an den Seiten scharf gerandet. Die folgenden Tergite glatt. Bohrer halb so lang wie das erste Tergit.

Färbung: Rotbraun. Geschwärzt sind: Fühler etwa vom fünften Glied an, Mandibelspitzen, Metapleurum, Abdominaltergite 3-6 mit Ausnahme von nur schmalen Endrändern, Flecke an der Unterseite der Basen der Hinterschienen, Hintertarsen und alle Klauenglieder. Beine und Unterseite des Abdomens gelb. Flügelnervatur braun, Flügel gebräunt. Mesopleurum in der rückwärtigen Hälfte gebräunt.

Absolute Körperlänge: 2,9 mm.

Relative Größenverhältnisse: Körperlänge = 79. Kopf. Breite = 25, Länge = 12, Höhe = 14, Augenlänge = 10, Augenhöhe = 13, Schläfenlänge = 2, Gesichtshöhe = 10, Gesichtsbreite = 10, Palpenlänge = 13. Thorax. Breite = 20, Länge = 30, Höhe = 22, Hinterschenkellänge = 20, Hinterschenkelbreite = 5. Flügel. Länge = 85, Breite = 40, Stigmalänge = 20, Stigmabreite = 6, *r1* = 2,5, *r2* = 12, *r3* = 26, *cuqu1* = 8, *cuqu2* = 4, *cu1* = 12, *cu2* = 15, *cu3* = 23, *n.rec.* = 7, *d* = 12. Abdomen. Länge = 37, Breite = 20; 1. Tergit Länge = 13, vordere Breite = 6, hintere Breite = 10; Bohrerlänge = 6.

♂. – Unbekannt.

Untersuchtes Material: W. Australia, R. E. TURNER, B. M. 1936 – 28. Yanchep. 32 mls. N. of Perth, 29. I.–8. II. 1936, 1 ♀, Holotype, im British Museum, Nat. Hist. in London.

Anmerkung: In den systematische Merkmalen dem *Opius perkinsi* FULL. am nächsten stehend, mit dem aber überhaupt keine Ähnlichkeit vorhanden ist.

Opius similifactus n. sp. (Abb. 71,72)

♂. – Kopf: Gut doppelt so breit wie lang, glatt, Augen kaum vorstehend, hinter den Augen gerundet, Schläfen kaum halb so lang wie die Augen, Hinterhaupt fast gerade; Ocellen vortretend, der Abstand zwischen ihnen kleiner als ein Ocellusdurchmesser, der Abstand des äußeren Ocellus vom inneren Augenrand um ein Drittel größer als die Breite des Ocellarfeldes. Gesicht quadratisch, glatt und glänzend, mit feinen, hellen Haaren schütter besetzt, die Punktur nicht erkennbar, mit stumpfem Mittelkiel; Clypeus durch eine scharfe Linie vom Gesicht getrennt, etwas gewölbt, glatt, vorne eingezogen; der Abstand der Paraclypealgrübchen voneinander zweieinhalbmal so groß wie ihr Abstand vom Augenrand. Wangen so lang wie die basale Mandibelbreite. Mund offen, Mandibeln an der Basis nicht erweitert, Maxillartaster so lang wie die Kopfhöhe. Fühler fadenförmig, wenig länger als der Körper, 30gliedrig; drittes Fühlerglied zweieinhalbmal so lang wie breit, die folgenden nur wenig kürzer werdend, das vorletzte um die Hälfte länger als breit; Geißelglieder schwach voneinander abgesetzt, deutlich gerieft, die Behaarung kürzer als die Breite der Geißelglieder.

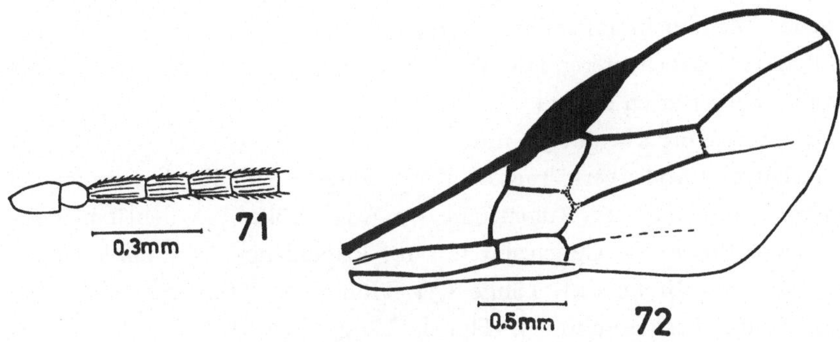

Abb. 71. *Opius similifactus* n. sp. – Fühlerbasis.
Abb. 72. *Opius similifactus* n. sp. – Vorderflügel.

Thorax: Um ein Viertel länger als hoch, um die Hälfte höher als der Kopf und nur wenig breiter als dieser, Oberseite stark gewölbt. Mesonotum deutlich breiter als lang, vor den Tegulae gleichmäßig gerundet, ganz glatt; Notauli nur vorne eingedrückt, glatt, reichen kaum auf die Scheibe, ihr gedachter Verlauf durch je eine Reihe feiner Härchen angedeutet, Rückengrübchen tief, punktförmig, Seiten überall gerandet, die Randfurchen gehen vorne in die Notauli über. Praescutellarfurche mit mehreren Längsleistchen. Scutellum glatt. Postscutellum schwach krenuliert. Propodeum glänzend, teilweise uneben, mit unregelmäßigem, gebogenem Querkiel, in der Mitte vor diesem ein kurzer Längskiel. Seite des Thorax glatt und glänzend, Sternaulus kurz und schmal, fein gekerbt, alle übrigen Furchen einfach. Beine schlank, Hinterschenkel viermal so lang wie breit.

Flügel: Stigma keilförmig, *r* entspringt vor der Mitte, *r1* von ein Drittel Stigmabreite, einen stumpfen Winkel mit *r2* bildend, *r2* um zwei Drittel länger als *cuqu1*, *r3* nach außen geschwungen, um zwei Drittel länger als *r2*, *R* reicht reichlich an die Flügelspitze, *n.rec.* stark postfurkal, *Cu2* nach außen verengt, *d* doppelt so lang wie *n.rec.*, *nv* interstitial, *B* geschlossen, *n.par.* entspringt aus der Mitte von *B; n.rec.* im Hinterflügel fehlend.

Abdomen: Erstes Tergit um die Hälfte länger als hinten breit, Seitenränder nach vorne ziemlich gleichmäßig konvergierend, mit zwei schwachen Kielen, die fast an den Hinterrand reichen, der mediane Raum längsgestreift, die lateralen Felder uneben, glänzend. Der Rest des Abdomens ohne Skulptur.

Färbung: Schwarz bis dunkelbraun. Gelb sind: Basis des dritten Fühlergliedes, Mandibeln außer ihren Spitzen, Tegulae und alle Beine. Palpen, Hüften und Trochanteren fast elfenbeinweiß. Flügelnervatur braun, Flügel hyalin. Hintertarsen dunkel.

Absolute Körperlänge: 3,0 mm.

Relative Größenverhältnisse: Körperlänge = 81. Kopf. Breite = 22, Länge = 10, Höhe = 17, Augenlänge = 7, Augenhöhe = 12, Schläfenlänge = 3, Gesichtshöhe = 9, Gesichtsbreite = 10, Palpenlänge = 17, Fühlerlänge = 105. Thorax. Breite = 21, Länge = 31, Höhe = 25, Hinterschenkellänge = 20, Hinterschenkelbreite = 5. Flügel. Länge = 90, Breite = 38, Stigmalänge = 22, Stigmabreite = 5, *r1* = 1,5, *r2* = 17, *r3* = 28, *cuqu1* = 10, *cuqu2* = 4, *cu1* = 10, *cu2* = 25, *cu3* = 20, *n.rec.* = 6, *d* = 11. Abdomen. Länge = 40, Breite = 24, 1. Tergit Länge = 11, vordere Breite = 4, hintere Breite = 7.

♀. – Unbekannt.

Untersuchtes Material: Ilong Mt. Halcon, 4500', Mdro. Or., V – 11 '54, Phil., M. & D. TOWNES, 1 ♂, Holotype, in der Sammlung TOWNES im Museum of Zoology in Ann Arbor, Mich., USA.

Opius skinneri FULL.

Opius skinneri FULLAWAY, Proc. Hawaii ent. Soc. 14, 1951, p. 247, ♀♂.
Opius skinneri, FISCHER, Acta ent. Mus. Nat. Pragae 35, 1963, p. 238, ♀♂.

Opius smarti n. sp.

♀. – Kopf: Doppelt so breit wie lang, glatt, Augen wenig vorstehend, hinter den Augen gerundet, Schläfen halb so lang wie die Augen, Hinterhaupt in der Mitte deutlich gebuchtet; Ocellen schwach vortretend, der Abstand zwischen ihnen so groß wie ein Ocellusdurchmesser, der Abstand des äußeren Ocellus vom inneren Augenrand so groß wie die Breite des Ocellarfeldes. Gesicht um zwei Frünftel breiter als hoch, glatt und glänzend, nur äußerst schwach behaart, in der Mitte etwas emporgewölbt, Mittelkiel aber nicht abgesetzt, Augenränder parallel; Clypeus sichelförmig, gewölbt, fünfmal so breit wie hoch, glatt, durch einen deutlichen Einschnitt vom Gesicht getrennt, vorne schwach eingezogen; Paraclypealgrübchen voneinander dreimal so weit entfernt wie vom Augenrand. Wangen kürzer als die basale Mandibelbreite. Mund offen, Mandibeln an der Basis nicht erweitert, Maxillartaster so lang wie die Kopfhöhe. Fühler fadenförmig, um die Hälfte länger als der Körper, 23gliedrig; drittes Fühlerglied dreimal so lang wie breit, die folgenden nur recht langsam kürzer werdend, das vorletzte Glied doppelt so lang wie breit; die Geißelglieder mäßig deutlich voneinander abgesetzt, kurz behaart und kaum gerieft, von der Seite bis zu drei Sensillen sichtbar.

Thorax: Um ein Drittel länger als hoch, um die Hälfte höher als der Kopf und wenig schmäler als dieser, Oberseite gleichmäßig, stark gewölbt. Mesonotum breiter als lang, vor den Tegulae gleichmäßig gerundet, ganz glatt; Notauli vorne eingedrückt, glatt, auf der Scheibe erloschen, ihr gedachter Verlauf durch je eine Reihe feiner Härchen angedeutet, Rückengrübchen fehlt, Seiten überall gerandet, die Randfurchen gehen vorne in die Notauli über. Praescutellarfurche in der Tiefe sehr fein gekerbt. Der Rest des Thorax glatt, Sternaulus flach eingedrückt, aber glatt, alle Furchen einfach. Beine schlank, Hinterschenkel viermal so lang wie breit.

Flügel: Stigma keilförmig, *r* entspringt aus dem vorderen Drittel, *r1* halb so lang wie die Stigmabreite, ohne Winkel in *r2* übergehend, *r2* um die Hälfte länger als *cuqu1*, *r3* nach außen geschwungen, dreimal so lang wie *r2*, *R* reicht reichlich an die Flügelspitze, *n.rec.* postfurkal, *Cu2* nach außen verengt, *d* um ein Drittel länger als *n.rec.*, *nv* schwach postfurkal, *B* unvollkommen geschlossen, *n.par.* entspringt aus der Mitte von *B; n.rec.* im Hinterflügel fehlend.

Abdomen: Erstes Tergit um ein Drittel länger als hinten breit, Seitenränder nach vorne nur unbedeutend konvergierend, fast parallel, das ganze Tergit fast ganz glatt und glänzend, die Kiele kaum erkennbar. Auf dem zweiten und dritten Tergit sind bei starker Vergrößerung Spuren einer feinen Chagrinierung zu erkennen. Der Rest des Abdomens glatt. Bohrer recht kurz vorstehend.

Färbung: Schwarz. Braun sind: Clypeus, Mundwerkzeuge, alle Beine, Tegulae, Flügelnervatur und die Basis des Abdomens bis zum zweiten Tergit. Hinterschienenspitzen und Hintertarsen etwas dunkler. Seiten des Thorax teilweise dunkelbraun. Flügel schwach gebräunt.

Absolute Körperlänge: 1,4 mm.

Relative Größenverhältnisse: Körperlänge = 38. Kopf. Breite = 12, Länge = 6, Höhe = 8, Augenlänge = 4, Augenhöhe = 5,5, Schläfenlänge = 2, Gesichtshöhe = 4,5, Gesichtsbreite = 7, Palpenlänge = 8, Fühlerlänge = 60. Thorax.

Breite = 10, Länge = 15, Höhe = 12, Hinterschenkellänge = 10, Hinterschenkelbreite = 2,5. Flügel. Länge = 48, Breite = 20, Stigmalänge = 14, Stigmabreite = 2, *r1* = 1, *r2* = 6, *r3* = 19, *cuqu1* = 4, *cuqu2* = 2, *cu1* = 4, *cu2* = 8, *cu3* = 15, *n.rec.* = 3, *d* = 4. Abdomen. Länge = 17, Breite = 9; 1. Tergit Länge = 5,5, vordere Breite = 3, hintere Breite = 4; Bohrerlänge = 3.

♂. – Unbekannt.

Untersuchtes Material: Terr. Papua & New Guinea; Finsch Haven (= Fisch-Hafen?), 11. I. 1958, J. SMART, Brit. Mus. 1957 – 689, 1 ♀, – Australia, Narrabri, N.S. Wales, 27. I. 1960, M. NIKITIN, B.M. 1960 – 619, 1 ♀. – Vom gleichen Fundort, 15. III. 1960, By sweeping around cultivated fields, 1 ♀. – W. Australia: Dongarra, 23. VIII. – 5. IX. 1935, R. E. TURNER, B.M. 1935 – 240, 1 ♀. – W. Australia: Perth, 25. II. – 12. III. 1936, R. E. TURNER, B. M. 1936 – 28, 1 ♀. – Yallingup, Nr. Cape Naturaliste, S.W. Australia, Sep. 14-Oct. 31, 1913, R. E. TURNER, 1914 – 27, 1 ♀.

Holotype: Das ♀ von Terr. Papua & New Guinea im British Museum, Nat. Hist. in London.

Opius soror n. sp. (Abb. 73–76)

♀. – Kopf: Doppelt so breit wie lang, glatt, Augen kaum vorstehend, hinter den Augen gerundet, Schläfen von zwei Drittel Augenlänge, Hinterhaupt stark gebuchtet; Ocellen etwas vortretend, der Abstand zwischen ihnen so groß wie ein Ocellusdurchmesser, der Abstand des äußeren Ocellus von inneren Augenrand um ein Drittel größer als die Breite des Ocellarfeldes. Gesicht fast quadratisch, nur wenig breiter als hoch, glänzend, dicht, aber nur äußerst fein punktiert und behaart, mit stumpfem Mittelkiel, Augenränder fast parallel; Clypeus doppelt so breit wie hoch, durch einen schwachen Einschnitt vom Gesicht getrennt, fast in gleicher Ebene wie das Gesicht liegend, glänzend, mit wenigen Punkten, vorne etwas eingezogen; Paraclypealgrübchen voneinander doppelt so weit entfernt wie vom Augenrand. Wangen eine Spur länger als die basale Mandibelbreite. Mund offen, Mandibeln an der Basis nicht erweitert, Maxillartaster so lang wie die Kopfhöhe. Fühler fadenförmig, um die Hälfte länger als der Körper, 29gliedrig; drittes Fühlerglied dreimal so lang wie breit, die folgenden langsam kürzer werdend, das vorletzte Glied um die Hälfte länger als breit, die Geißelglieder schwach voneinander abgesetzt, kurz behaart, die Haare kürzer als die Breite der Geißelglieder, deutlich gerieft, in Seitenansicht bis zu vier Sensillen sichtbar.

Thorax: Um die Hälfte länger als hoch, um die Hälfte höher als der Kopf und etwa gleich breit wie dieser, Oberseite sehr schwach gewölbt. Pronotum oben in der Mitte mit grübchenartigem Eindruck. Mesonotum deutlich breiter als lang, vor den Tegulae gleichmäßig gerundet, glatt, vorne am Absturz fein punktiert und behaart; Notauli vorne eingedrückt, reichen weder an den Vorderrand noch auf die Scheibe, ihr gedachter Verlauf durch je eine Schar feiner Härchen angedeutet, Rückengrübchen fehlt, Seiten nur an den Tegulae gerandet. Praescutellarfurche gekerbt. Der Rest des Thorax glatt und glänzend, Sternaulus flach eingedrückt, alle übrigen Furchen einfach. Beine schlank, Hinterschenkel viermal so lang wie breit.

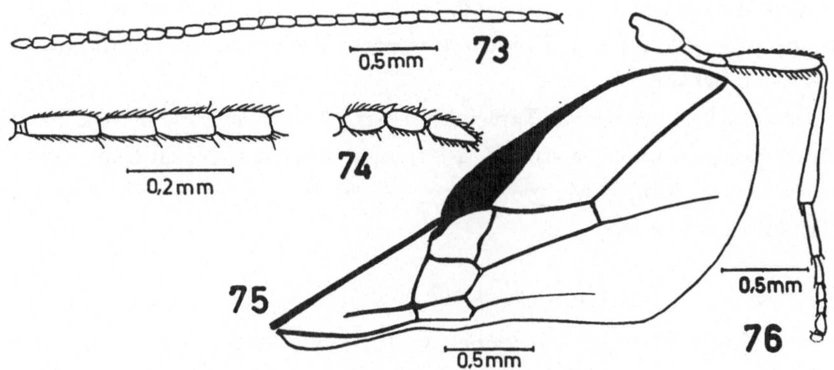

Abb. 73. *Opius soror* n. sp. – Fühlergeißel.
Abb. 74. *Opius soror* n. sp. – Basis und Ende der Fühlergeißel, stark vergrößert.
Abb. 75. *Opius soror* n. sp. – Vorderflügel.
Abb. 76. *Opius soror* n. sp. – Hinterbein.

Flügel: Stigma keilförmig, *r* entspringt aus dem vorderen Drittel, *r1* von ein Drittel Stigmabreite, ohne Winkel in *r2* übergehend, *r2* um die Hälfte länger als *cuqu1*, *r3* nach außen geschwungen, doppelt so lang wie *r2*, *R* reicht an die Flügelspitze, *n.rec.* postfurkal, *Cu2* nach außen verengt, *d* um zwei Drittel länger als *n.rec.*, *nv* schwach postfurkal, *B* geschlossen, *n.par.* entspringt aus der Mitte von *B*; *n.rec.* im Hinterflügel fehlend.

Abdomen: Erstes Tergit nur wenig länger als hinten breit, nach vorne gleichmäßig verjüngt, mit zwei nach rückwärts konvergierenden Kielen im vorderen Drittel, die seitlichen Tuberkel schwach entwickelt, das

Tergit ziemlich flach und zur Gänze runzelig, matt. Der Rest des Abdomens glatt. Bohrer nicht vorstehend.

Färbung: Schwarz. Gelb sind: Scapus, Pedicellus, Clypeus, Mundwerkzeuge, alle Beine, Tegulae und Flügelnervatur. Mandibelspitzen, Hinterschienenspitzen, Hintertarsen und die Pulvillen dunkler. Flügel fast hyalin.

Absolute Körperlänge: 2,6 mm.

Relative Größenverhältnisse: Körperlänge = 70. Kopf. Breite = 19, Länge = 10, Höhe = 14, Augenlänge = 6, Augenhöhe = 10, Schläfenlänge = 4, Gesichtshöhe = 9, Gesichtsbreite = 10, Palpenlänge = 15, Fühlerlänge = 100. Thorax: Breite = 18, Länge = 30, Höhe = 20, Hinterschenkellänge = 17, Hinterschenkelbreite = 4. Flügel. Länge = 85, Breite = 35, Stigmalänge = 24, Stigmabreite = 5, *r1* = 1,5, *r2* = 16, *r3* = 31, *cuqu1* = 10, *cuqu2* = 4, *cu1* = 9, *cu2* = 22, *cu3* = 26, *n.rec.* = 6, *d* = 10. Abdomen. Länge = 30, Breite = 17; 1. Tergit Länge = 8, vordere Breite = 5, hintere Breite = 7.

♂. – Unbekannt.

Untersuchtes Material: Taplejung Distr., Damp evergreen oak forest above Sangu, c 9200′, 2.-26. XI. 1961, Brit. Mus. East Nepal Exp. 1961 – 62, R. L. COE Coll., B.M. 1962 – 177, 1 ♀, Holotype, im British Museum, Nat. Hist. in London.

Opius sulcinotum n. sp. (Abb. 77)

♀. – Kopf: Weniger als doppelt so breit wie lang, glatt, Augen vorstehend, hinter den Augen schmäler als an den Augen, Schläfen gerundet, kaum halb so lang wie die Augen, Hinterhaupt fast gerade; Ocellen vortretend, der Abstand zwischen ihnen fast kleiner als ein Ocellusdurchmesser, der Abstand des äußeren Ocellus vom inneren Augenrand um ein Drittel größer als die Breite des Ocellarfeldes. Gesicht quadratisch, glatt und glänzend, nur mit äußerst feinen, haartragenden Punkten, die kaum erkennbar sind, Mittelkiel stumpf und nur schwach vom Gesicht abgesetzt, unten stark verbreitert, Augenränder parallel; Clypeus doppelt so breit wie hoch, gewölbt, durch einen deutlichen Eindruck vom Gesicht getrennt, glatt und glänzend, etwas dichter punktiert als das Gesicht und mit längeren Haaren, vorne etwas eingezogen; Paraclypealgrübchen voneinander doppelt so weit entfernt wie vom Augenrand. Wangen kürzer als die basale Mandibelbreite. Mund offen, Mandibeln gegen die Basis stark verbreitert, aber nicht jäh erweitert, Maxillartaster so lang wie die Kopfhöhe. Fühler fadenförmig, wenig länger als der Körper, 34gliedrig;

drittes Fühlerglied dreimal so lang wie breit, die folgenden langsam kürzer werdend, das vorletzte um die Hälfte länger als breit; die Geißelglieder deutlich voneinander abgesetzt und kurz behaart.

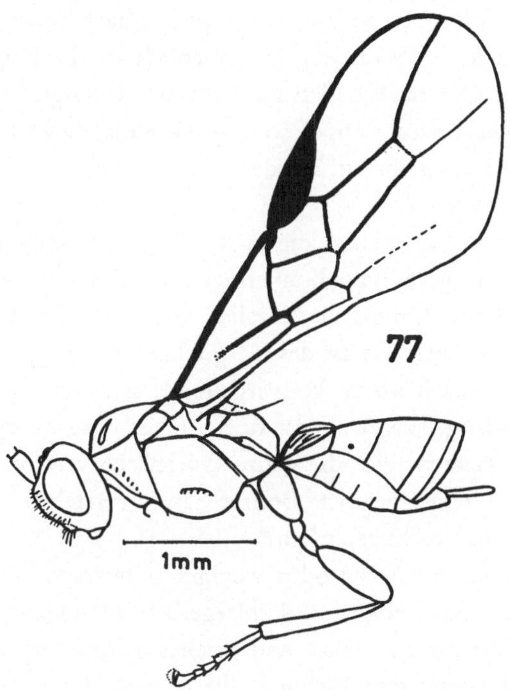

Abb. 77. *Opius sulcinotum* n. sp. – Körper in Seitenansicht.

Thorax: Um zwei Drittel länger als hoch, um die Hälfte höher als der Kopf und ebenso breit wie dieser, Oberseite flach, Mesothorax unterseits stark gewölbt. Mesonotum so breit wie lang, vor den Tegulae bis zu den Schulterecken gleichmäßig gerundet, Vorderrand schwach gerundet, glatt; Notauli vorne eingedrückt und glatt, reichen auf die Scheibe, erlöschen aber hier, Rückengrübchen deutlich eingedrückt, nach vorne zu einer schmalen, glatten Furche verlängert, die bis an den Vorderrand reicht, Seiten nur an den Tegulae gerandet, aber eine schwache Furche verbindet die Randfurche mit dem Notaulus. Praescutellarfurche mit einigen Längsleistchen. Scutellum und Postscutellum glatt. Propodeum glänzend, nur mit feinster Runzelung. Seite des Prothorax glatt. Mesopleurum glatt, Sternaulus kurz und schmal, mit einigen schmalen Kerben; die übrigen

Furchen einfach. Metapleurum glatt. Beine gedrungen, Hinterschenkel dreimal so lang wie breit.

Flügel: Stigma halbeiförmig, ziemlich breit, *r* entspringt aus dem vorderen Drittel, *r1* halb so lang wie die Stigmabreite, einen stumpfen Winkel mit *r2* bildend, *r2* doppelt so lang wie *cuqu1*, *r3* nach außen geschwungen, um die Hälfte länger als *r2*, *R* reicht reichlich an die Flügelspitze, *n.rec.* stark postfurkal, *Cu2* nach außen nur schwach verengt, *d* fast im Bogen in *n.rec.* übergehend, *d* gut doppelt so lang wie *n.rec.*, *nv* schwach postfurkal, *B* geschlossen, *n.par.* entspringt aus der Mitte von *B; n.rec.* im Hinterflügel schwach angedeutet.

Abdomen: Erstes Tergit um die Hälfte länger als hinten breit, Seitenränder nach vorne geradlinig konvergierend, Stigmen etwas vortretend, sie liegen auf einer Kante, die parallel, d.i. oberhalb des Seitenrandes verläuft; von oben gesehen ist das Tergit hinter den Tuberkeln parallelseitig, vor diesen nach vorne konvergierend; schwach runzelig. Zweites Tergit ziemlich lang, länger als das dritte, feinst chagriniert, seitlich glatt, mit zerstreuten Haaren über die ganze Oberfläche verteilt. Die restlichen Tergite glatt, einreihig behaart. Bohrer kaum vorstehend. Hypopygium die Hinterleibsspitze nicht erreichend.

Färbung: Rotbraun. Mehr oder weniger schwarz sind: Oberseite des Scapus, ein Teil des Pedicellus, Fühlergeißel, Mandibelspitzen, Hintertarsen und das Abdomen. Erstes und zweites Tergit rotbraun, rückwärts allmählich in die schwarze Färbung übergehend. Flügel hyalin, Flügelnervatur braun.

Absolute Körperlänge: 3,6 mm.

Relative Größenverhältnisse: Körperlänge = 97. Kopf. Breite = 25, Länge = 14, Höhe = 20, Augenlänge = 10, Augenhöhe = 14, Schläfenlänge = 4, Gesichtshöhe = 13, Gesichtsbreite = 13, Palpenlänge = 20, Fühlerlänge = 120. Thorax. Breite = 25, Länge = 41, Höhe = 28, Hinterschenkellänge = 20, Hinterschenkelbreite = 6,5. Flügel. Länge = 100, Breite = 50, Stigmalänge = 22, Stigmabreite = 8, *r1* = 4, *r2* = 21, *r3* = 30, *cuqu1* = 10, *cuqu2* = 5, *cu1* = 14, *cu2* = 28, *cu3* = 25, *n.rec.* = 6, *d* = 13. Abdomen. Länge = 42, Breite = 26; 1. Tergit Länge = 14, vordere Breite = 6, hintere Breite = 9.

♂. – Unbekannt.

Untersuchtes Material: Mt. S. Tomas 7300', nr. Baguio, Phil., Apr. 3, 1953, H. M. & D. TOWNES, 1 ♀, Holotype, in der Sammlung TOWNES im Museum of Zoology in Ann Arbor, Mich., USA.

Opius tamurensis n. sp. (Abb. 78)

♀. – Kopf: Doppelt so breit wie lang, glatt, Augen nicht vorstehend, hinter den Augen fast ebenso breit wie zwischen den Augen, Schläfen gerundet und nur wenig kürzer als die Augen, Hinterhaupt in der Mitte gebuchtet, seitlich hinter den rückwärtigen Ocellen je ein gekrümmter, strichförmiger Eindruck; Ocellen nicht vortretend, der Abstand zwischen ihnen größer als ein Ocellusdurchmesser, der Abstand des äußeren Ocellus vom inneren Augenrand um eine Spur größer als die Breite des Ocellarfeldes. Gesicht fast um die Hälfte breiter als hoch, glatt und glänzend,

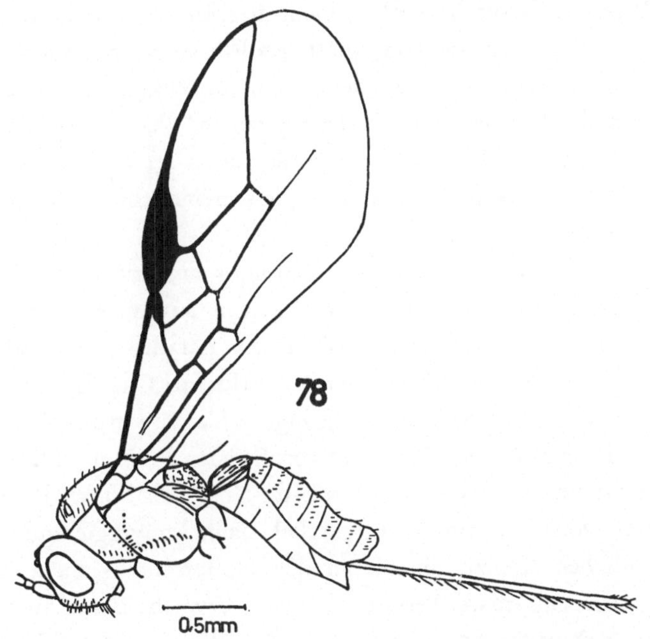

Abb. 78. *Opius tamurensis* n. sp. – Körper in Seitenansicht.

äußerst fein behaart, keine Punktur erkennbar, Mittelkiel deutlich und nach unten etwas verbreitert; Clypeus zweieinhalbmal so breit wie hoch, halbkreisförmig, in gleicher Ebene wie das Gesicht liegend, vorne rund eingezogen, glatt; Paraclypealgrübchen voneinander um die Hälfte weiter entfernt als vom Augenrand. Wangen länger als die basale Mandibelbreite. Mund offen, Mandibeln an der Basis nicht erweitert, Maxillartaster so lang wie die Kopfhöhe. Fühler fadenförmig, um ein Drittel länger als der Körper, 27gliedrig; drittes Fühlerglied zweieinhalbmal so lang wie breit, viertes Fühlerglied etwas länger als das dritte, die folgenden langsam kürzer werdend, das vorletzte doppelt so lang wie breit; die Geißelglieder nur schwach voneinander abgesetzt, kurz behaart und kaum gerieft.

Thorax: Um ein Viertel länger als hoch, um ein Drittel höher als der Kopf und wenig schmäler als dieser, Oberseite stark gewölbt. Pronotum oben in der Mitte ohne Eindruck. Mesonotum merklich breiter als lang, vor den Tegulae gleichmäßig gerundet, glatt, nur an den Vorderecken unbedeutend punktiert und behaart; Notauli vorne eingedrückt, auf der Scheibe fehlend, Rückengrübchen fehlt, Seiten nur an den Tegulae gerandet. Praescutellarfurche seitlich nicht abgekürzt, krenuliert. Scutellum vorne doppelt so breit wie lang, glatt, Axillae schwach ausgebildet. Postscutellum ohne Skulptur. Propodeum fein runzelig, matt. Seite des Prothorax glatt, die Furchen einfach. Mesopleurum glatt, Sternaulus schmal, krenuliert, reicht weder an den Vorder- noch an den Hinterrand, die übrigen Furchen einfach. Metapleurum glatt. Beine schlank, Hinterschenkel viermal so lang wie breit.

Flügel: Stigma mäßig breit, keilförmig, *r* entspringt vor der Mitte, *r1* wenig kürzer als die Stigmabreite, einen stumpfen Winkel mit *r2* bildend, *r2* um ein Drittel länger als *cuqu1*, *r3* gerade, dreimal so lang wie *r2*, *R* reicht an die Flügelspitze, *n.rec.* postfurkal, *Cu2* fast parallelseitig, *d* doppelt so lang wie *n.rec.*, *nv* um die eigene Länge postfurkal, *B* geschlossen, *n.par.* entspringt unter der Mitte von *B; n.rec.* im Hinterflügel fehlend.

Abdomen: Erstes Tergit um die Hälfte länger als hinten breit, Seitenränder nach vorne bis zur Mitte parallel, dann konvergierend, mit zwei feinen, seitlichen Kielen, die bis an den Hinterrand reichen, das ganze Tergit fein runzelig, matt. Tergite 2 + 3 eng verwachsen, nur an den Seiten eine feine, weit nach vorne verschobene Querlinie auf dem Tergit (2 + 3) erkennbar, auch das Stigma des ersten Tergites weit nach vorne verschoben. Zweites und die folgenden Tergite ganz glatt. Bohrer um ein Drittel länger als der Hinterleib. Hypopygium überragt die Hinterleibsspitze.

Färbung: Schwarz. Rotbraun sind: Basis des dritten Fühlergliedes, Gesicht, Schläfen, Augenränder, alle Beine, Tegulae und die Ränder des Mesopleurums. Flügelnervatur braun. Zweites Tergit und Hinterleibsende dunkler. Flügel schwach getrübt.

Absolute Körperlänge: 2,3 mm.

Relative Größenverhältnisse: Körperlänge = 62. Kopf. Breite = 19,

Länge = 9, Höhe = 14, Augenlänge = 5, Augenhöhe = 9, Schläfenlänge = 4, Gesichtshöhe = 7, Gesichtsbreite = 10, Palpenlänge = 14, Fühlerlänge = 80. Thorax. Breite = 17, Länge = 23, Höhe = 18, Hinterschenkellänge = 16, Hinterschenkelbreite = 4. Flügel. Länge = 80, Breite = 37, Stigmalänge = 20, Stigmabreite = 5, *r1* = 4, *r2* = 12, *r3* = 36, *cuqu1* = 9, *cuqu2* = 5, *cu1* = 7, *cu2* = 19, *cu3* = 22, *n.rec.* = 5, *d* = 10. Abdomen. Länge = 30, Breite = 17; 1. Tergit Länge = 10, vordere Breite = 4, hintere Breite = 7; Bohrerlänge = 43.

♂. – Unbekannt.

Untersuchtes Material: Shady places on shrubby slope above R. Tamur. 21.-27. I. 1962. Taplejung Distr.: Dobhan. c. 3500'. Brit. Mus. East Nepal Exp. 1961 – 62. R. L. COE Coll. B.M. 1962 – 177, 1 ♀, Holotype, im British Museum, Nat. Hist. in London.

Opius taplejungensis n. sp. (Abb. 79–81)

♀. – Kopf: Doppelt so breit wie lang, glatt, Augen schwach vorstehend, hinter den Augen gerundet, Schläfen halb so lang wie die Augen, Hinterhaupt nur schwach gebuchtet; Ocellen vortretend, der Abstand zwischen ihnen so groß wie ein Ocellusdurchmesser, der Abstand des äußeren Ocellus vom inneren Augenrand so groß wie die Breite des Ocellarfeldes. Gesicht um ein Drittel breiter als hoch, glänzend, schütter und feinst punktiert und behaart, Mittelkiel fast nicht ausgebildet, Augenränder fast parallel; Clypeus gut doppelt so breit wie hoch, halbkreisförmig, durch eine deutliche Furche vom Gesicht getrennt, vorne gerundet und nur schwach aufgebogen, glatt, mit einzelnen eingestochenen borstentragenden Punkten; Paraclypealgrübchen voneinander um die Hälfte weiter entfernt als vom Augenrand. Wangen so lang wie die basale Mandibelbreite. Mund kann als geschlossen gelten, obwohl eine kleine Spalte zwischen Clypeus und Mandibeln sichtbar ist, Mandibeln an der Basis nicht erweitert, Maxillartaster länger als die Kopfhöhe. Fühler fadenförmig, um drei Viertel länger als der Körper, 31gliedrig; drittes Fühlerglied dreimal so lang wie breit, die folgenden drei gleich lang, die nachfolgenden nur langsam kürzer werdend, das vorletzte doppelt so lang wie breit; die Geißelglieder deutlich voneinander abgesetzt, schwach gerieft, die Behaarung so lang wie die Breite der Geißelglieder.

Thorax: Um ein Drittel länger als hoch, um zwei Drittel höher als der Kopf und fast gleich breit wie dieser, Oberseite stark gewölbt. Pronotum oben in der Mitte mit einem kleinen, puntförmigen Eindruck. Mesonotum wenig breiter als lang, vor den Tegulae gleichmäßig gerundet, glatt, vorne am Absturz schütter punktiert und behaart; Notauli vorne schwach eingedrückt, glatt, auf der Scheibe fehlend, ihr gedachter Verlauf durch je eine Schar feiner Haare angedeutet, Rückengrübchen flach, aber deutlich ausgebildet, dessen Nähe mit einigen haartragenden Punkten bestanden. Praescutellarfurche mit zahlreichen Längsleistchen, Seiten nicht abgekürzt, trennt die Axillae vollständig vom Scutellum ab. Scutellum vorne breiter als lang, glatt. Postscutellum glatt. Propodeum in der Mitte fein runzelig, nur an den Rändern glatt. Seite des Prothorax glatt, vordere Furche feinst gekerbt. Mesopleurum glatt, Sternaulus flach eingedrückt, aber glatt, alle übrigen Furchen einfach. Metapleurum glatt. Beine schlank, Hinterschenkel fünfmal so lang wie breit.

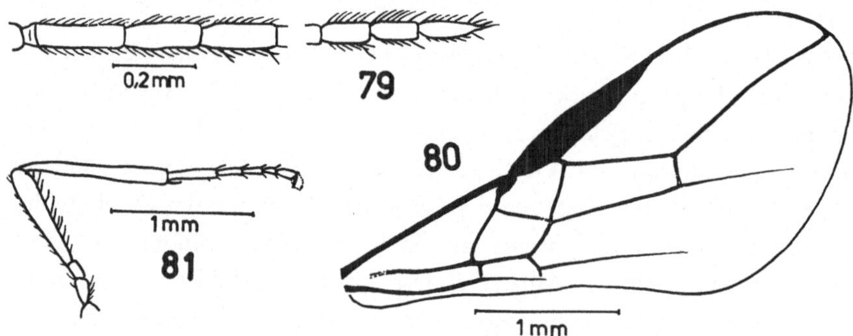

Abb. 79. *Opius taplejungensis* n. sp. – Basis und Ende der Fühlergeißel.
Abb. 80. *Opius taplejungensis* n. sp. – Vorderflügel.
Abb. 81. *Opius taplejungensis* n. sp. – Hinterbein.

Flügel: Stigma keilförmig, *r* entspringt aus dem vorderen Viertel, *r1* halb so lang wie die Stigmabreite, im Bogen in *r2* übergehend, *r2* doppelt so lang wie *cuqu1*, *r3* nach außen geschwungen, doppelt so lang wie *r2*, *R* reicht reichlich an die Flügelspitze, *n.rec.* interstitial, *Cu2* nach außen schwach verengt und von ganz geraden Adern umrahmt, *d* um die Hälfte länger als *n.rec.*, *nv* schwach postfurkal, *B* geschlossen, *n.par.* entspringt fast aus der Mitte von *B; n.rec.* im Hinterflügel fehlend.

Abdomen: Erstes Tergit um die Hälfte länger als hinten breit, nach vorne gleichmäßig verjüngt, gewölbt, mit zwei nach rückwärts ziemlich geradlinig konvergierenden Kielen in der vorderen Hälfte, das ganze

Tergit runzelig, matt. Die folgenden Tergite glatt. Bohrer nur eine Spur vorstehend, Bohrerklappen halb so lang wie das erste Tergit.

Färbung: Schwarz. Gelb sind: Scapus, Pedicellus, Clypeus, Mundwerkzeuge mit Ausnahme der Mandibelspitzen, alle Beine und die Tegulae. Die distalen zwei Drittel der Hinterschienen, Hintertarsen und die Pulvillen geschwärzt. Flügel hyalin. Flügelnervatur braun.

Absolute Körperlänge: 2,8 mm.

Relative Größenverhältnisse: Körperlänge = 77. Kopf. Breite = 21, Länge = 10, Höhe = 15, Augenlänge = 6, Augenhöhe = 10, Schläfenlänge = 3, Gesichtshöhe = 9, Gesichtsbreite = 12, Palpenlänge = 20, Fühlerlänge = 130. Thorax. Breite = 20, Länge = 32, Höhe = 25, Hinterschenkellänge = 22, Hinterschenkelbreite = 4. Flügel. Länge = 120, Breite = 57, Stigmalänge = 35, Stigmabreite = 4, *r1* = 2, *r2* = 22, *r3* = 40, *cuqu1* = 12, *cuqu2* = 6, *cu1* = 11, *cu2* = 27, *cu3* = 30, *n.rec.* = 7, *d* = 11. Abdomen. Länge = 35, Breite = 19; 1. Tergit Länge = 11, vordere Breite = 4, hintere Breite = 7; Bohrerlänge = 4.

♂. – Unbekannt.

Untersuchtes Material: Taplejung Distr., Damp evergreen oak forest above Sangu, c. 8500′, 2.-26. XI. 1961, Brit. Mus. East Nepal Exp. 1961 – 62, R. L. COE Coll. B. M. 1962 – 177, 1 ♀, Holotype, im British Museum, Nat. Hist. in London.

Anmerkung: Die Art kommt dem *Opius baguioensis* n. sp. am nächsten, doch ist sie von diesem durch den interstitialen *n.rec.*, den zweiten Radialabschnitt, der doppelt so lang wie *cuqu1* ist, die einfache hintere Randfurche des Mesopleurums und die größere Zahl der Fühlerglieder unterschieden.

Opius terraereginae n. sp. (Abb. 82,83)

♀. – Kopf: Doppelt so breit wie lang, glatt, Augen etwas vorstehend, hinter den Augen gerundet, Schläfen halb so lang wie die Augen, Hinterhaupt in der Mitte schwach gebuchtet; Ocellen vortretend, der Abstand zwischen ihnen kleiner als ein Ocellusdurchmesser, der Abstand des äußeren Ocellus vom inneren Augenrand so groß wie die Breite des Ocellarfeldes. Gesicht an der schmalsten Stelle kaum breiter als hoch, glatt, glänzend, fein und weitläufig punktiert und feinst behaart, Mittelkiel nicht erkennbar, Augenränder in der unteren Hälfte nach unten deutlich konvergierend; Clypeus zweieinhalbmal so breit wie hoch, vom Gesicht kaum abgesetzt, glatt, in gleicher Ebene wie das Gesicht liegend, vorne gerundet; Paraclypealgrübchen voneinander dreimal so weit entfernt wie vom Augenrand. Wangen kürzer als die basale Mandibelbreite. Mund geschlossen, Mandibeln an der Basis nicht erweitert, an der basalen Hälfte des unteren Randes mit einer Kante, Maxillartaster länger als die Kopfhöhe. Fühler schwach borstenförmig, nur ganz wenig länger als der Körper, 27gliedrig; drittes Fühlerglied dreimal so lang wie breit, die folgenden ganz schwach kürzer und kaum merklich schmäler werdend, das vorletzte Glied doppelt so lang wie breit; die Geißelglieder deutlich voneinander abgesetzt, dicht gerieft und kurz behaart.

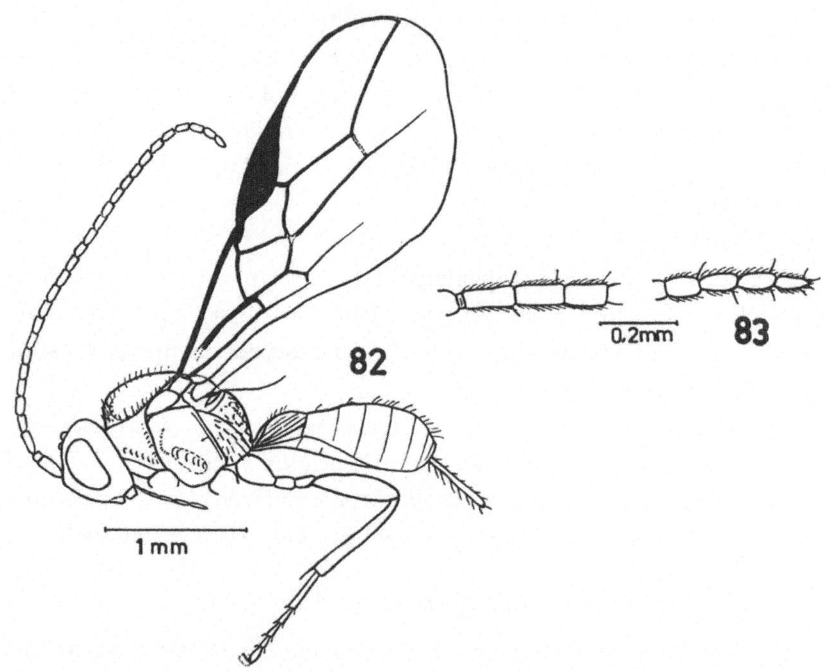

Abb. 82. *Opius terraereginae* n. sp. – Körper in Seitenansicht.
Abb. 83. *Opius terraereginae* n. sp. – Basis und Ende der Fühlergeißel.

Thorax: Um ein Viertel länger als hoch, um die Hälfte höher als der Kopf und gleich breit wie dieser, Oberseite stark gewölbt. Pronotum oben in der Mitte mit grübchenförmiger Vertiefung. Mesonotum um ein Drittel breiter als lang, vor den Tegulae gleichmäßig gerundet, nur ganz vorne fast gerade, glatt, nur vorne am Absturz dicht und fein punktiert und behaart, fast matt; Mittellappen weitläufig mit feinen, hellen, verhältnismäßig langen Haaren bestanden; Notauli vorne eingedrückt, schwach gekerbt, auf der Scheibe erloschen, Rückengrübchen schwach eingedrückt und wenig verlängert, Seiten nur an den Tegulae gerandet. Praescutellarfurche mit mehreren Längsleistchen. Scutellum glatt. Postscutellum schwach gekerbt. Propodeum mit unregelmäßig gebogenem, feinem Querkiel, fein runzelig, matt. Seite des Prothorax glatt, hintere Furche fein gekerbt, vordere kaum mit Skulptur. Mesopleurum glatt, Sternaulus kurz, fein gekerbt, die übrigen Furchen einfach. Metapleurum glänzend, höchstens gegen die Ränder schwach runzelig. Beine mäßig schlank, Hinterschenkel viermal so lang wie breit, Hinterschenkel mit feinen, längeren, abstehenden Borsten, deren Länge die Breite des Hinterschenkels erreicht.

Flügel: Stigma keilförmig, *r* entspringt vor der Mitte, *r1* halb so lang wie die Stigmabreite, mit *r2* einen stumpfen Winkel bildend, *r2* um die Hälfte länger als *cuqu1*, *r3* nach außen geschwungen, um zwei Drittel länger als *r2*, *R* reicht reichlich an die Flügelspitze, *n.rec.* postfurkal, *Cu2* nach außen verengt, *d* doppelt so lang wie *n.rec.*, *nv* interstitial, *B* geschlossen, *n.par.* entspringt unter der Mitte von *B; n.rec.* im Hinterflügel fehlend.

Abdomen: Erstes Tergit so lang wie hinten breit, die Seitenränder nach vorne im Bogen konvergierend, mit zwei weit voneinander entfernten seitlichen Kielen im vorderen Drittel, das ganze Tergit fein und eng längsgestreift, nur vorne der Raum zwischen den Kielen glatt. Die restlichen Tergite ganz glatt. Bohrer von ein Drittel Hinterleibslänge.

Färbung: Rotbraun. Fühlergeißeln, Pulvillen und Bohrerklappen dunkel. Flügelnervatur braun, Flügel hyalin.

Absolute Körperlänge: 2,7 mm.

Relative Größenverhältnisse: Körperlänge = 73. Kopf. Breite = 22, Länge = 11, Höhe = 15, Augenlänge = 7, Augenhöhe = 10, Schläfenlänge = 4, Gesichtshöhe = 11, Gesichtsbreite = 12, Palpenlänge = 19, Fühlerlänge = 85. Thorax. Breite = 21, Länge = 28, Höhe = 22, Hinterschenkellänge = 15, Hinterschenkelbreite = 5. Flügel. Länge = 80, Breite = 38, Stigmalänge = 20, Stigmabreite = 5, *r1* = 2,5, *r2* = 15, *r3* = 25, *cuqu1* = 10, *cuqu2* = 5, *cu1* = 10, *cu2* = 22, *cu3* = 18, *n.rec.* = 5, *d* = 10. Abdomen. Länge = 34, Breite = 20; 1. Tergit Länge = 13, vordere Breite = 8, hintere Breite = 14; Bohrerlänge = 12.

♂. – Unbekannt.

Untersuchtes Material: Australia, R. E. TURNER, B.M. 1935 – 240. S. E. Queensland, Tambourine Mts. 26.-29. IV. 1935, 1 ♀, Holotype, im British Museum, Nat. Hist. in London.

Opius travancorensis n. sp. (Abb. 84,85)

♀. – Kopf: Doppelt so breit wie lang, glatt, Augen nur schwach vorstehend, hinter den Augen gerundet, Schläfen halb so lang wie die Augen, Hinterhaupt gebuchtet; Ocellen wenig vortretend, der Abstand zwischen ihnen größer als ein Ocellusdurchmesser, der Abstand des äußeren Ocellus vom inneren Augenrand so groß wie die Breite des Ocellarfeldes. Gesicht quadratisch, glänzend, äußerst fein behaart, Mittelkiel nur äußerst stumpt aufgewölbt, Augenränder nach unten eine Spur divergierend; Clypeus zweieinhalbmal so breit wie hoch, schwach gewölbt, glänzend, durch einen feinen Einschnitt vom Gesicht getrennt, vorne schwach eingezogen; Paraclypealgrübchen voneinander doppelt so weit entfernt wie vom Augenrand. Wangen so lang wie die basale Mandibelbreite. Mund offen, Mandibeln an der Basis nicht erweitert, aber gegen die Basis stark verbreitert, Maxillartaster so lang wie die Kopfhöhe; das vorletzte Maxillartasterglied etwas kürzer als das vorhergehende und das letzte. Fühler fadenförmig, um die Hälfte länger als der Körper, 20gliedrig; drittes Fühlerglied zweieinhalbmal so lang wie breit, die folgenden kaum kürzer werdend, das vorletzte Glied doppelt so lang wie breit; die Geißelglieder deutlich voneinander abgesetzt, die abstehende Behaarung so lang wie die Breite der Geißelglieder, diese deutlich gerieft, von der Seite bis zu drei Sensillen sichtbar.

Thorax: Um ein Drittel länger als hoch, wenig höher als der Kopf und fast gleich breit wie dieser, Oberseite gewölbt (an dem vorliegenden Stück ist das Mesonotum etwas eingedrückt, so daß der Thorax schlanker erscheint). Pronotum oben in der Mitte mit grübchenartiger Vertiefung. Mesonotum fast um die Hälfte breiter als lang, vor den Tegulae gleichmäßig gerundet, glatt; Notauli vorne eingedrückt und kaum skulptiert, auf der Scheibe erloschen, ihr gedachter Verlauf durch je eine Reihe feiner Härchen angedeutet, Rückengrübchen fehlt, Seiten überall fein gerandet, die Randfurchen gehen vorne in die Notauli über. Praescutellarfurche flach und fein gekerbt. Der Rest des Thorax glatt und glänzend, Sternaulus eingedrückt, aber glatt, alle Furchen einfach. Beine schlank, Hinterschenkel viermal so lang wie breit, die Haare an der Unterseite so lang wie die Breite des Hinterschenkels, Hintertarsus wenig kürzer als die Hinterschiene.

Flügel: Stigma keilförmig, *r* entspringt aus dem vorderen Drittel, *r1* halb so lang wie die Stigmabreite, ohne Winkel in *r2* übergehend, *r2* um ein Drittel länger als *cuqu1*, *r3* nach außen geschwungen, dreimal so lang wie *r2*, *R* reicht reichlich an die Flügelspitze, *n.rec.* postfurkal, *Cu2* nach außen stark verengt, *cuqu2* kaum halb so lang wie *cuqu1*, *r3* doppelt so lang wie *cu2*, *d* um die Hälfte länger als *n.rec.*, *nv* schwach postfurkal, *B* geschlossen, *n.par.* entspringt unter der Mitte von *B; n.rec.* im Hinterflügel fehlend.

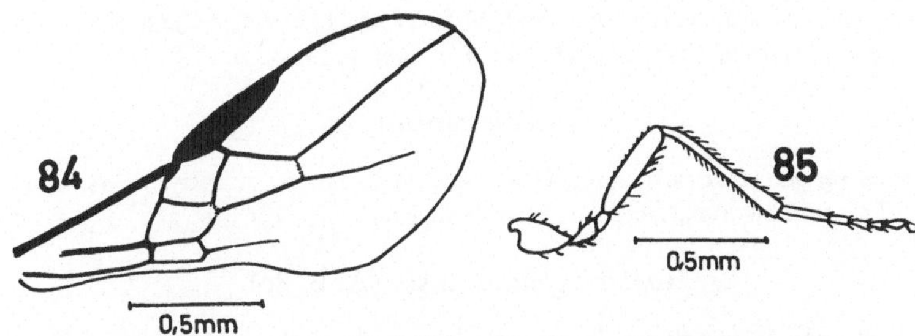

Abb. 84. *Opius travancorensis* n. sp. – Vorderflügel.
Abb. 85. *Opius travancorensis* n. sp. – Hinterbein.

Abdomen: Erstes Tergit so lang wie hinten breit, nach vorne gleichmäßig verjüngt, der mediane Raum stark gewölbt, mit zwei nach rückwärts stark konvergierenden Kielen, die nahe an den Hinterrand reichen, vorne treten sie stark vor, rückwärts sind sie aber nur fein ausgebildet; das ganze Tergit glänzend, uneben. Zweites Tergit in den basalen Eindrücken und drittes Tergit an der Basis fein chagriniert, sonst wie der Rest des Abdomens glatt. Bohrer kaum vorstehend.

Färbung: Dunkelbraun. Gelb oder rötlichgelb sind: Kopf mit Ausnahme eines braunen Fleckes, der rückwärts bis zum Hinterhauptsloch reicht, Scapus, Pedicellus, Clypeus, Mundwerkzeuge, alle Beine, Tegulae, Flügelnervatur und die Hinterleibsmitte. Flügel hyalin.

Absolute Körperlänge: 1,6 mm.

Relative Größenverhältnisse: Körperlänge = 43. Kopf. Breite = 15, Länge = 7, Höhe = 11, Augenlänge = 4,5, Augenhöhe = 7, Schläfenlänge = 2,5, Gesichtshöhe = 7, Gesichtsbreite = 7, Palpenlänge = 10, Fühlerlänge =

60. Thorax. Breite = 14, Länge = 18, Höhe = 13, Hinterschenkellänge = 10, Hinterschenkelbreite = 2,5. Flügel. Länge = 55, Breite = 27, Stigmalänge = 15, Stigmabreite = 2, *r1* = 1, *r2* = 7, *r3* = 21, *cuqu1* = 5,3, *cuqu2* = 2,5, *cu1* = 6, *cu2* = 10, *cu3* = 22, *n.rec.* = 4, *d* = 6. Abdomen. Länge = 18, Breite = 12; 1. Tergit Länge = 6, vordere Breite = 4, hintere Breite = 6.

♂. – Unbekannt.

Untersuchtes Material: India, Travancore Mount Est. VI. 1934, S. A. RAU, Ex pupa of Tea leaf miner, P.2. Pres. by Imp. Inst. Ent. B.M. 1936 – 580, 1 ♀, Holotype, im British Museum, Nat. Hist. in London.

Opius tryoni CAM.

Opius tryoni CAMERON, Proc. Linn. Soc. N.S. Wales 34, 1911, p. 343, ♂.
Opius tryoni, FISCHER, Mitt. Münch. ent. Ges. 49, 1959, p. 29, ♀♂.

Opius victoriensis FI.

Diachasma rufipes SZÉPLIGETI, Ann. Hist. Nat. Mus. Hung. 3, 1905, p. 55, ♂.
Opius victoriensis FISCHER, Acta ent. Mus. Nat. Pragae 35, 1963, p. 240, ♂ (nov. nom.)

Opius volaticus n. sp. (Abb. 86)

♀. – Kopf: Doppelt so breit wie lang, glatt, Augen und Schläfen fast in gemeinsamer Flucht gerundet, Schläfen wenig kürzer als die Augen, Hinterhaupt schwach gebuchtet; Ocellen etwas vortretend, der Abstand zwischen ihnen so groß wie ein Ocellusdurchmesser, der Abstand des äußeren Ocellus vom inneren Augenrand um ein Drittel größer als die

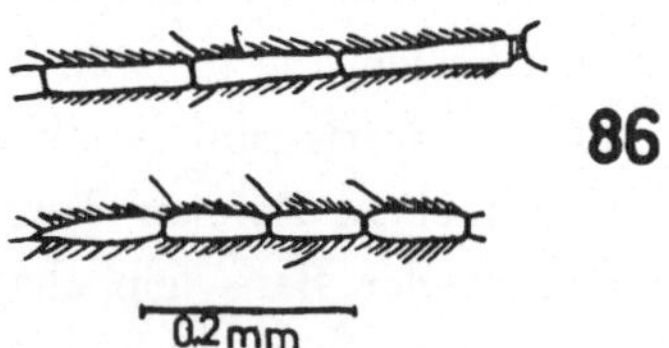

Abb. 86. *Opius volaticus* n. sp. – Basis und Ende der Fühlergeißel.

Breite des Ocellarfeldes. Gesicht wenig breiter als hoch, glänzend, feinst punktiert, mit feiner, heller Behaarung, Mittelkiel stumpf, Augenränder parallel; Clypeus dreimal so breit wie hoch, gewölbt, durch einen deutlichen Eindruck vom Gesicht getrennt, glänzend und wie das Gesicht punktiert, vorne fast gerade; Paraclypealgrübchen voneinander doppelt so weit entfernt wie vom Augenrand. Wangen so lang wie die basale

Mandibelbreite. Mund offen, Mandibeln an der Basis nicht erweitert, Maxillartaster so lang wie die Kopfhöhe. Fühler fadenförmig, lang und dünn, überall gleich breit, doppelt so lang wie der Körper, 25-26gliedrig; drittes Fühlerglied 5-6mal so lang wie breit, die folgenden allmählich kürzer werdend, das vorletzte Glied dreimal so lang wie breit; die Geißelglieder deutlich voneinander abgesetzt, lang behaart, die Haare so lang wie die Breite der Geißelglieder, schwach gerieft, von der Seite zwei Sensillen sichtbar.

Thorax: Um die Hälfte länger als hoch, um ein Drittel höher als der Kopf und wenig schmäler als dieser, Oberseite nur ganz schwach gewölbt. Mesonotum wenig breiter als lang, vor den Tegulae gleichmäßig gerundet, glatt, nur vorne am Absturz fein punktiert und behaart; Notauli vorne eingedrückt, glatt, reichen nicht auf die Scheibe, ihr gedachter Verlauf durch je eine Reihe feiner Härchen angedeutet, Rückengrübchen fehlt, Seiten nur an den Tegulae gerandet. Praescutellarfurche fein gekerbt. Der Rest des Thorax glatt und glänzend, Sternaulus flach eingedrückt, aber glatt, alle übrigen Furchen einfach. Beine schlank, Hinterschenkel siebenmal so lang wie breit, unregelmäßig geformt, Hintertarsus so lang wie die Hinterschiene.

Flügel: Stigma keilförmig, *r* entspringt aus dem vorderen Viertel, *r1* halb so lang wie die Stigmabreite, einen stumpfen Winkel mit *r2* bildend, *r2* um zwei Drittel länger als *cuqu1*, *r3* nach außen geschwungen, zweieinhalbmal so lang wie *r2*, *R* reicht reichlich an die Flügelspitze, *n.rec.* postfurkal, *Cu2* nach außen verengt, *d* so lang wie *n.rec.*, *nv* fast interstitial, *B* geschlossen, *n.par.* entspringt aus der Mitte von *B; n.rec.* im Hinterflügel fehlend.

Abdomen: Erstes Tergit nur wenig länger als hinten breit, nach vorne geradlinig verjüngt, mit zwei schwachen, nach rückwärts konvergierenden Kielen im vorderen Drittel, die seitlichen Tuberkel schwach entwickelt, das ganze Tergit fast vollkommen glatt, nur schwach gewölbt. Der Rest des Abdomens ohne Skulptur. Bohrer kaum vorstehend.

Färbung: Schwarz. Gelb sind: Scapus, Pedicellus, Clypeus, Mundwerkzeuge, alle Beine, Tegulae und die Flügelnervatur. Mandibelspitzen, Hinterschienenspitzen und Tarsen dunkler. Flügel hyalin.

Absolute Körperlänge: 1,8 mm.

Relative Größenverhältnisse: Körperlänge = 49. Kopf. Breite = 14, Länge = 7, Höhe = 10, Augenlänge = 4, Augenhöhe = 7, Schläfenlänge = 3,

Gesichtshöhe = 6, Gesichtsbreite = 7, Palpenlänge = 12, Fühlerlänge = 95. Thorax. Breite = 12, Länge = 20, Höhe = 13, Hinterschenkellänge = 14, Hinterschenkelbreite = 2. Flügel. Länge = 70, Breite = 33, Stigmalänge = 16, Stigmabreite = 3, *r1* = 1,5, *r2* = 11, *r3* = 30, *cuqu1* = 5,5, *cuqu2* = 3,5, *cu1* = 5, *cu2* = 14, *cu3* = 23, *n.rec.* = 6, *d* = 6. Abdomen. Länge = 22, Breite = 12; 1. Tergit Länge = 5, vordere Breite = 3, hintere Breite = 4; Bohrerlänge = 2.

♂. – Vom ♀ nicht verschieden. Fühler an dem vorliegenden Exemplar 25gliedrig.

Untersuchtes Material: Brit. Mus. East Nepal Exp. 1961 – 62, R. L. COE Coll., B.M. 1962 – 177, Taplejung Distr.: below Sangu, Edge of small mixed wood, c. 6000′, 4. XI. 1961, 1 ♀. – Damp evergreen oak forest above Sangu, c. 9200′, 2-26. XI. 1961, 1 ♀. – Mixed plants by damp cliff in deep river gorge c. 5200′, I-II. 1962, between Sangu und Tamrang, 1 ♀. – Sangu, c. 6200′, Mixed vegetation by stream in gully, XI. 1961-I. 1962, 1 ♀. – Below Sangu, c. 4000′, Mixed vegetation on sheltered slopes above river, 3. I. 1962, 1 ♂.

Holotype: Das erstzitierte ♀ im British Museum, Nat. Hist. in London.

Opius walkeri MUES.

Psyttalia testacea WALKER, Ann. Mag. Nat. Hist. (3) 5, 1860, p. 311, ♀.
Opius walkeri MUESEBECK, Proc. U.S. Nat. Mus. 79 (2882), 1931, nov. nom.
Opius walkeri, FISCHER, Ann. Mus. Civ. Stor. Nat. Genova 73, 1962, p. 94, ♀♂.

GENUS AUSTROOPIUS SZÉPLIGETI

Von den 6 bisher bekannt gewordenen Arten gehören 5 der indo-australischen Region an.

1. Flügel gelblich, mit breitem, braunem Streifen zwischen der Basalader und der Mitte von *Cu2* *fijiensis* (FULL.)
– Flügel gleichmäßig gefärbt, entweder hyalin oder leicht gebraunt 2
2. Propodeum ohne Mittelkiel *muesebecki* FI.
– Propodeum mit Mittelkiel 3
3. Flügel hyalin, Gesicht etwas breiter als hoch. Madagaskar (*insignipennis* (GRANG.))
– Flügel gleichmäßig gebräunt oder gelblich gefärbt, Gesicht an der schmalsten Stelle so breit wie hoch oder höher als breit 4

4. Bohrer kürzer als der halbe Hinterleib; Gesichtsränder beim ♀ nach unten stark divergierend *amboinensis* FULL.
– Bohrer halb so lang wie der Hinterleib oder länger; Gesichtsränder beim ♀ nach unten weniger stark divergierend 5
5. Bohrer halb so lang wie das Abdomen, Abdomen dunkel *lemiensis* SZÉPL.
– Bohrer um die Hälfte länger als der Hinterleib, Abdomen hell *novoguineensis* SZÉPL.

Austroopius amboinensis FULL.

Austroopius amboinensis FULLAWAY, J. Straits Asiat. Soc. 80, 1919, p. 58, ♀♂.
Austroopius amboinensis, FISCHER, Mitt. Zool. Mus. Berlin 39, 1963, p. 174, ♀♂.

Austroopius fijiensis (FULL.)

Opius fijiensis FULLAWAY, Proc. Hawaii ent. Soc. 9, 1936, No. 2, p. 179, ♀♂.
Austroopius fijiensis, FISCHER, Mitt. Zool. Mus. Berlin 39, 1963, p. 177, ♀♂.

Austroopius lemiensis SZÉPL.

Austroopius lemiensis SZÉPLIGETI, Term. Füzet. 23, 1900, p. 64, ♂.
Austroopius lemiensis, FISCHER, Mitt. Zool. Mus. Berlin 39, 1963, p. 181, ♀♂.

Austroopius muesebecki FI.

Austroopius muesebecki FISCHER, Mitt. Zool. Mus. Berlin 39, 1963, p. 182, ♀♂.

Austroopius novoguineensis SZÉPL.

Austroopius novoguineensis SZÉPLIGETI, Term. Füzet. 23, 1900, p. 64, ♀♂.
Austroopius novoguineensis, FISCHER, Mitt. Zool. Mus. Berlin 39, 1963, p. 184, ♀♂.

EURYTENES FÖRSTER

Einzige Art:

Eurytenes orientalis n. sp.

♀. – Kopf: Mehr als doppelt so breit wie lang, glatt, Augen nicht vorstehend, Augen und Schläfen in gemeinsamer Flucht gerundet, Schläfen wenig kürzer als die Augen, Hinterhaupt gebuchtet; Ocellen schwach vortretend, der Abstand zwischen ihnen wenig größer als ein Ocellusdurchmesser, der Abstand des äußeren Ocellus vom inneren Augenrand um eine Spur größer als die Breite des Ocellarfeldes. Gesicht quadratisch, ziemlich flach, schütter und fein punktiert und fein behaart, glatt und glänzend, Augenränder parallel, Mittelkiel nur schwach entwickelt; Clypeus in gleicher Ebene wie das Gesicht liegend, durch einen schwachen Einschnitt vom Gesicht getrennt, vorne gerade abgestutzt, glänzend; Paraclypealgrübchen voneinander doppelt so weit entfernt wie vom Augenrand. Wangen so lang wie die basale Mandibelbreite. Mund offen, Mandibeln an der Basis nicht erweitert, Maxillartaster länger als die Kopfhöhe. Fühler etwas verkürzt, 32 Glieder sichtbar, doch dürften nur wenig Glieder fehlen; fadenförmig oder schwach borstenförmig, gegen das Ende zu nur ganz wenig schmäler werdend; wahrscheinlich um die Hälfte länger als der Körper; drittes Fühlerglied viermal so lang wie breit, die folgenden langsam kürzer werdend, die sichtbaren Geißelglieder doppelt so lang wie breit, gerieft, kurz behaart und undeutlich voneinander abgesetzt.

Thorax: Um zwei Fünftel länger als hoch, um ein Drittel höher als der Kopf und wenig schmäler als dieser, Oberseite gewölbt. Mesonotum etwas breiter als lang, vor den Tegulae gleichmäßig gerundet, glatt; Notauli vorne eingedrückt und krenuliert, auf der Scheibe erloschen, ihr gedachter Verlauf durch je eine Reihe feiner Härchen angedeutet, Rückengrübchen punktförmig, Seiten überall gerandet, die Randfurchen gehen vorne in die Notauli über. Praescutellarfurche krenuliert. Scutellum und Postscutellum glatt. Propodeum mit einer fünfseitigen Areola an der Spitze, die durch feine Kiele abgesetzt ist, davor mit mittlerem Längskiel, der bis zur Basis reicht; von der Areola gehen Querkiele ab, die bis zu den Randleisten reichen; die Areola mehr oder weniger runzelig, mit glatter Stelle, die übrigen Felder größtenteils glatt, die Ränder teilweise mit Kerben versehen. Seite des Thorax glatt und glänzend, Sternaulus lang, schmal und eng gekerbt, vordere Randfurche unten bis zur Basis der Mittelhüfte gekerbt, alle übrigen Furchen einfach. Beine schlank, Hinterschenkel sechsmal so lang wie breit.

Flügel: Stigma lang und schmal, distal etwas verbreitert, so lang wie der Metakarp, *r* entspringt aus der äußersten Basis des Stigmas, *r1* etwas gebogen, so lang wie *cuqu1*, mit *r2* fast eine gerade Linie bildend, *r2* doppelt so lang wie *cuqu1*, *r3* schwach nach außen geschwungen, fast gerade, doppelt so lang wie *r2*, *R* reicht reichlich an die Flügelspitze, *n.rec.* interstitial, *Cu2* parallelseitig, *d* um die Hälfte länger als *n.rec.*, *nv* schwach postfurkal, *B* geschlossen, *n.par.* entspringt aus der Mitte von *B; n.rec* im Hinterflügel fehlend.

Abdomen: Schwach birnförmig, hinter der Mitte am breitesten. Erstes Tergit mehr als doppelt so lang wie hinten breit, Seiten fast parallel, das heißt, nach vorne nur unbedeutend konvergierend, die in der Mitte der Seitenränder befindlichen Tuberkel deutlich vortretend, mit zwei schwachen Kielen an der äußersten Basis, das ganze Tergit runzelig. Der Rest des Abdomens glatt. Bohrer nur eine Spur vorstehend.

Färbung: Schwarz. Gelb sind: Scapus, Pedicellus, Clypeus, Mundwerkzeuge, alle Beine, Tegulae und Flügelnervatur. Hinterleibsmitte dunkelbraun. Hinterschienen mit Ausnahme der Basen, Hintertarsen und die Pulvillen gebräunt. Flügel hyalin. Taster weißlich.

Absolute Körperlänge: 2,5 mm.

Relative Größenverhältnisse: Körperlänge = 68. Kopf. Breite = 19, Länge = 8, Höhe = 15, Augenlänge = 5, Augenhöhe = 10, Schläfenlänge = 3, Gesichtshöhe = 9, Gesichtsbreite = 10, Palpenlänge = 19. Thorax. Breite = 17, Länge = 28, Höhe = 20, Hinterschenkellänge = 18, Hinterschenkelbreite = 3. Flügel. Länge = 85, Breite = 40, Stigmalänge = 30, Stigmabreite = 3, *r1* = 7, *r2* = 15, *r3* = 30, *cuqu1* = 8, *cuqu2* = 6, *cu1* = 9, *cu2* = 19, *cu3* = 23, *n.rec.* = 7, *d* = 10. Abdomen. Länge = 32, Breite = 14; 1. Tergit Länge = 12, vordere Breite = 3,5, hintere Breite = 5.

♂. – Unbekannt.

Untersuchtes Material: Oakforest 7800′ Mt. Data, Phil., Dec. 31, 1952, H. M. & D. TOWNES, 1 ♀, Holotype, in der Sammlung TOWNES im Museum of Zoology in Ann Arbor, Mich., USA.

Anmerkung: Die Art ist dem *Eurytenes abnormis* (WESM.) aus Europa und Nord-Amerika außerordentlich ähnlich und morphologisch kaum unterscheidbar. Das Abdomen ist jedoch ganz dunkel, während es bei *Eurytenes abnormis* (WESM.) gelb oder rötlichgelb ist. Das erwähnte Exemplar von den Philippinen ist der erste bekannt gewordene Vertreter dieser Gattung außerhalb des holarktischen Bereiches.

GENUS COLEOPIUS FISCHER

Von dieser jüngst aus der paläarktischen Region bekannt gewordenen Gattung konnten nunmehr drei weitere Arten aus der orientalischen Region festgestellt werden. Die bekannten Arten lassen sich wie folgt trennen:

1. *r2* nicht länger als *cuqu1*. Paläarktische Region. (*grangeri* Fi.)
– *r2* länger als *cuqu1* 2
2. Notauli vollständig und in Form von tiefen Grübchen ausgebildet *testa* n. sp.
– Notauli fehlen auf der Scheibe oder erlöschen vor dem Rückengrübchen 3
3. Zweites Tergit fein chagriniert *hemicoriaceus* n. sp.
– Zweites Tergit kräftig längsgestreift *novohebridicus* n. sp.

Coleopius hemicoriaceus n. sp. (Abb. 87,88)

♂. – Kopf: Mehr als doppelt so breit wie lang, glänzend, punktiert und behaart, auch das Ocellarfeld mit Haarpunkten versehen, Augen vorstehend, hinter den Augen stark verengt, Schläfen kaum von ein Drittel Augenlänge, Hinterhaupt fast gerade; Ocellen vortretend, der Abstand zwischen ihnen so groß wie ein Ocellusdurchmesser, der Abstand des äußeren Ocellus vom inneren Augenrand so groß wie die Breite des Ocellarfeldes; die hinteren Ocellen seitlich und rückwärts von einer schmalen Furche begrenzt, das Ocellarfeld liegt unmittelbar am Hinterhaupt. Gesicht quadratisch, schwach, aber gleichmäßig gewölbt, dicht und tief punktiert und kurz, hell und fein behaart, Mittelkiel nur ganz oben andeutungsweise vorhanden, sonst ganz fehlend; Clypeus durch einen schwachen Eindruck vom Gesicht getrennt, oben halbkreisförmig, Vorderrand in der Mitte lappenartig vorgezogen, in gleicher Ebene wie das Gesicht liegend, glänzend, schütterer punktiert als das Gesicht; Paraclypealgrübchen äußerst klein, ihr Abstand voneinander doppelt so groß wie ihre Entfernung vom Augenrand. Wangen so lang wie die basale Mandibelbreite. Mund geschlossen, Mandibeln an der Basis nicht erweitert, Maxillartaster so lang wie die Kopfhöhe. Fühler fadenförmig, so lang wie der Körper, 24gliedrig; drittes Fühlerglied zweimal so lang wie breit, die folgenden gleich lang, erst die der apikalen Hälfte bedeutend kürzer werdend, das vorletzte Glied fast doppelt so lang wie breit; die Geißelglieder nur schwach voneinander abgesetzt.

Thorax: Um ein Viertel länger als hoch, um die Hälfte höher als der Kopf und fast breiter als dieser, Oberseite stark gewölbt. Mesonotum um die Hälfte breiter als lang, vor den Tegulae gleichmäßig gerundet, glänzend, ziemlich gleichmäßig punktiert und kurz, hell behaart; Notauli nur vorne eingedrückt, hier breit und krenuliert, reichen nicht auf die Scheibe,

Rückengrübchen tropfenförmig, Seiten stark gerandet, die Randfurchen teilweise gekerbt und gehen vorne in die Notauli über. Praescutellarfurche tief und mit fünf starken Längsleistchen. Scutellum doppelt so breit wie lang, glatt, nur mit einzelnen, haartragenden Punkten. Postscutellum mit einigen Leistchen. Propodeum mit einem gekrümmten Querkiel, der in der Mitte spitzig gegen den Vorderrand ausgezogen ist; der Raum vor dem Kiel uneben, stellenweise glänzend und mit einigen undeutlichen und unregelmäßigen Leistchen; der Raum dahinter steil abfallend und fein runzelig, ohne Kiel. Seite des Prothorax fein punktiert runzelig, unten stärker. Mesopleurum auf der Scheibe glatt, Sternaulus breit, oval, runzelig, reicht vom vorderen bis an den unteren Rand und geht hier in ein runzeliges Feld über, das zwischen Vorder- und Mittelhüften liegt und gegen die letztere durch eine Leiste begrenzt ist; hintere Randfurche fein gekerbt. Metapleurum runzelig. Beine gedrungen, Hinterschenkel dreimal so lang wie breit.

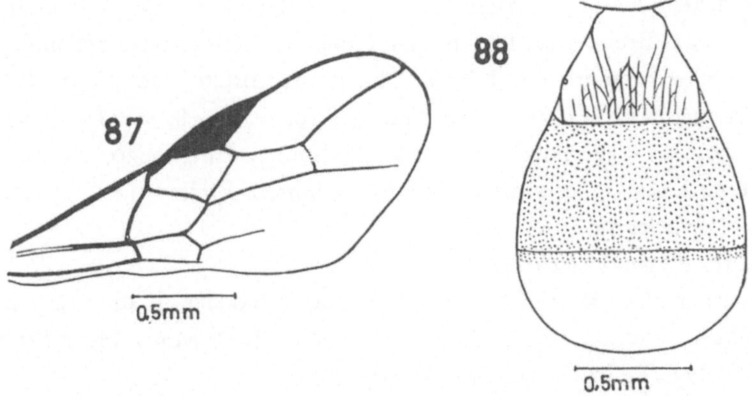

Abb. 87 und 88. *Coleopius hemicoriaceus* n. sp. 87. Vorderflügel. 88. Abdomen von oben.

Flügel: Stigma ziemlich breit, keilförmig, *r* entspringt vor der Mitte, *r1* weniger als halb so lang wie die Stigmabreite, im Bogen in *r2* übergehend, *r2* um ein Viertel länger als *cuqu1*, *r3* nach außen geschwungen, um zwei Drittel länger als *r2*, *R* reicht reichlich an die Flügelspitze, *n.rec.* schwach postfurkal, *Cu2* nach außen schwach verengt, *d* um die Hälfte länger als *n.rec.*, *nv* schwach postfurkal, *B* geschlossen, *n.par.* entspringt wenig unter der Mitte von *B*; *n.rec.* im Hinterflügel schwach angedeutet.

Abdomen: Breit und rundlich, verhältnismäßig kurz, nur wenig länger als breit. Erstes Tergit merklich kürzer als hinten breit, Seitenränder im hinteren Drittel parallel, dann nach vorne stark konvergierend, mit zwei seitlichen, nach rückwärts schwach konvergierenden geraden Kielen, die fast an den Hinterrand reichen, der Raum zwischen diesen nicht ganz regelmäßig längsgestreift, die lateralen Felder chagriniert, matt, mit einzelnen Längsrunzeln. Die Grenze zwischen dem zweiten und dritten Tergit kaum erkennbar; etwa die vorderen zwei Drittel der Schale gleichmäßig chagriniert, matt; der Rest glatt; die Stigmen des zweiten und dritten Tergites vom Schalenrand beträchtlich entfernt.

Färbung: Schwarz. Gelb sind: Scapus, Pedicellus, Mundwerkzeuge außer den Mandibelspitzen und die Beine. Tegulae und Flügelnervatur braun, Flügel fast hyalin. Basales Drittel der Fühlergeißel gelblich, die äußersten Spitzen der Geißelglieder geschwärzt, die restlichen Fühlerglieder verdunkelt.

Absolute Körperlänge: 2,5 mm.

Relative Größenverhältnisse: Körperlänge = 68. Kopf. Breite = 20, Länge = 9, Höhe = 15, Augenlänge = 7, Augenhöhe = 10, Schläfenlänge = 2, Gesichtshöhe = 11, Gesichtsbreite = 10, Palpenlänge = 12, Fühlerlänge = 75. Thorax. Breite = 21, Länge = 29, Höhe = 23, Hinterschenkellänge = 13, Hinterschenkelbreite = 4. Flügel. Länge = 65, Breite = 30, Stigmalänge = 15, Stigmabreite = 5, *r1* = 2, *r2* = 11, *r3* = 19, *cuqu1* = 8, *cuqu2* = 5, *cu1* = 8, *cu2* = 16, *cu3* = 14, *n.rec.* = 5, *d* = 8. Abdomen. Länge = 30, Breite = 22; 1. Tergit Länge = 10, vordere Breite = 8, hintere Breite = 14.

♀. – Unbekannt.

Wirt: *Agromyza tephrosiae*.

Untersuchtes Material: Saigon, 2. VI. 49, J. BARBIER, II 40, 1 ♂. – India, Namkum, Oct. 20, 1963, Coll. V. K. SEHGAL. Leaf Miner Host *Tephrosia candida*. Parasite of *Agromyza tephrosiae*, 1 ♂.

Holotype: Das erstzitierte ♂ im Museum National d'Histoire Naturelle in Paris.

Anmerkung: Unterscheidet sich von *Coleopius testa* n. sp. durch zahlreiche Merkmale, z.B.: Notauli auf der Scheibe erloschen, erstes Tergit in der Mitte eng gestreift, seitlich chagriniert, vordere Hälfte der Schale fein und dicht chagriniert, hintere glatt; die zweite Sutur von oben gesehen fast nicht erkennbar; *r2* und *r3* bedeutend kürzer.

Coleopius novohebridicus n. sp.

♂. – Kopf: Mehr als doppelt so breit wie lang, glatt, Augen wenig vorstehend, Augen und Schläfen in gemeinsamer Flucht gerundet, Schläfen etwa halb so lang wie die Augen, Hinterhaupt fast gerade; Ocellen vortretend, der Abstand zwischen ihnen so groß wie ein Ocellusdurchmesser, der Abstand des äußeren Ocellus vom inneren Augenrand so groß wie die Breite des Ocellarfeldes. Gesicht fast so hoch wie breit, glatt und glänzend, die Punktur kaum erkennbar, feinst behaart, mit recht stumpfem Mittelkiel, Augenränder nach unten kaum merklich divergierend; Clypeus um ein Viertel breiter als hoch, fast trapezförmig, schwach gewölbt, fast in gleicher Ebene wie das Gesicht liegend, durch einen schwachen Eindruck vom Gesicht getrennt, Vorderrand in der Mitte lappenartig nach vorne vorgezogen, glänzend, nur äußerst schwach punktiert; Paraclypealgrübchen voneinander doppelt so weit entfernt wie vom Augenrand. Wangen so lang wie die basale Mandibelbreite. Mund geschlossen, Mandibeln an der Basis nicht erweitert, Maxillartaster so lang wie die Kopfhöhe. Fühler fast borstenförmig, gegen das Ende wenig schmäler werdend, nur wenig länger als der Körper, 24-25gliedrig; drittes Fühlerglied dreimal so lang wie breit, die folgenden langsam kürzer werdend, das vorletzte doppelt so lang wie breit; die Geißelglieder nur undeutlich voneinander abgesetzt, kurz behaart und dicht gerieft, von der Seite etwa 4-5 Sensillen sichtbar.

Thorax: Um ein Viertel länger als hoch, um ein Drittel höher als der Kopf und etwa gleich breit wie dieser, Oberseite stark gewölbt. Pronotum oben in der Mitte nur mit schwachem Eindruck. Mesonotum merklich breiter als lang, vor den Tegulae bis zu den Schulterecken gleichmäßig gerundet, vorne gerade, glatt; Notauli vorne tief eingedrückt, gekerbt, reichen auf die Scheibe, erlöschen auf halber Strecke vor dem Rückengrübchen, letzteres tief und verlängert, reicht bis in die Mitte des Mittellappens, Seiten überall gerandet und stark gekerbt, gehen vorne in die Notauli über; entlang der Notauli, entlang der Mittellinie, vorne am Absturz und an den Seitenrändern mit längeren, hellen, feinen Haaren besetzt. Praescutellarfurche groß und mit drei Längsleitschen. Scutellum glatt, breiter als lang. Postscutellum der ganzen Breite nach mit Längsleistchen besetzt. Propodeum mit einem starken, gebogenen Querkiel und einem mittleren Längskiel, der sich hinten verlängert, vor dem Querkiel runzelig, matt, hinter demselben steil abfallend und glänzend. Seite des Prothorax glatt, beide Furchen gekerbt. Mesopleurum glatt, Sternaulus breit und mit längeren Querrippchen, vordere Mesopleuralfurche schwach skulptiert, Mesosternum runzelig, die Becken der Mittelhüften gerandet. Metapleurum runzelig. Beine mäßig schlank, Hinterschenkel viermal so lang wie breit, Hintertarsus merklich kürzer als die Hinterschiene.

Flügel: Stigma keilförmig, *r* entspringt aus dem vorderen Drittel, *r1* halb so lang wie die Stigmabreite, einen stumpfen Winkel mit *r2* bildend, *r2* um die Hälfte länger als *cuqu1*, *r3* nach außen geschwungen, um ein Drittel länger als *r2*, *R* reicht an die Flügelspitze, *n.rec.* postfurkal, *Cu2* nach außen schwach verengt, *d* um zwei Drittel länger als *n.rec.*, *nv* schwach postfurkal, *B* geschlossen, *n.par.* entspringt unter der Mitte von *B; n.rec.* im Hinterflügel fehlend.

Abdomen: Erstes Tergit so lang wie hinten breit, Seiten rückwärts parallel, vorne nur schwach verengt, deutlich gerandet; das ganze Tergit nicht ganz regelmäßig, aber kräftig längsrunzelig, nur vorne unregelmäßig runzelig. Tergit 2 + 3 etwas länger als das erste, gleichmäßig und kräftig längsgestreift. Zweite Sutur tief, gekrümmt und gekerbt. Letztes Tergit kürzer als Tergit 2 + 3, grob, netzartig runzelig.

Färbung: Rotbraun. Fühlergeißeln, Mandibelspitzen und Pulvillen dunkler. Bei den beiden letztgenannten Exemplaren ist auch der Kopf und der Thorax größtenteils dunkler. Flügelnervatur braun, Flügel nur ganz schwach getrübt.

Absolute Körperlänge: 2,4 mm.

Relative Größenverhältnisse: Körperlänge = 66. Kopf. Breite = 20, Länge = 9, Höhe = 15, Augenlänge = 6, Augenhöhe = 10, Schläfenlänge = 3, Gesichtshöhe = 11, Gesichtsbreite = 12, Palpenlänge = 15, Fühlerlänge = 76. Thorax. Breite = 19, Länge = 25, Höhe = 20, Hinterschenkellänge = 12, Hinterschenkelbreite = 3. Flügel. Länge = 65, Breite = 28, Stigmalänge = 16, Stigmabreite = 4, *r1* = 2, *r2* = 12, *r3* = 16, *cuqu1* = 8, *cuqu2* = 4, *cu1* = 7, *cu2* = 18, *cu3* =15 , *n.rec.* = 5, *d* = 8. Abdomen. Länge = 32, Breite = 20; 1. Tergit Länge = 11, vordere Breite = 8, hintere Breite = 12.

♀. – Unbekannt.

Untersuchtes Material: New Hebrides, Malekula, II. 1930, L. E. CHEESMAN, B.M. 1930 – 178, 1 ♂. – New Hebrides, Malekula, Ounua, IV. V. 1929, Miss L. E. CHEESMAN, B.M. 1929 – 371, 1 ♂. – New Hebrides, Santo, VIII. 1929, L. E. CHEESMAN, B.M. 1929 – 514, 1 ♂.

Holotype: Das erstgenannte ♂ im British Museum, Nat. Hist. in London.

Coleopius testa n. sp.

♀. – Kopf: Doppelt so breit wie lang, glatt, Augen schwach vorstehend, hinter den Augen gerundet, Schläfen halb so lang wie die Augen, Hinterhaupt gebuchtet; Ocellen vortretend, der Abstand zwischen ihnen kleiner als ein Ocellusdurchmesser, der Abstand des äußeren Ocellus vom inneren Augenrand so groß wie die Breite des Ocellarfeldes; seitlich und hinter dem Ocellarfeld sind furchenartige Eindrücke. Gesicht so breit wie hoch, glänzend, nicht sehr dicht, aber deutlich punktiert und fein behaart, Mittelkiel deutlich ausgebildet, oben scharf, unten stumpf, die Augenränder nach unten schwach divergierend; Clypeus in gleicher Ebene wie das Gesicht liegend, durch einen flachen Eindruck vom Gesicht getrennt, fast ganz glatt und glänzend, Vorderrand in der Mitte etwas vorgezogen; Paraclypealgrübchen zweieinhalbmal so weit voneinander entfernt wie vom Augenrand. Wangen so lang wie die basale Mandibelbreite. Mund geschlossen, Mandibeln an der Basis nicht erweitert, Maxillartaster so lang wie die Kopfhöhe. Fühler an dem vorliegenden Exemplar beschädigt; wahrscheinlich fadenförmig, drittes Fühlerglied zweieinhalbmal so lang wie breit, die folgenden kaum kürzer werdend.

Thorax: Um ein Viertel länger als hoch, um die Hälfte höher als der Kopf und gleich breit wie dieser, Oberseite stark gewölbt. Mesonotum um ein Drittel breiter als lang, Seitenränder nach vorne bis zu den Vorderecken gleichmäßig gerundet, Vorderrand fast gerade, die Seitenlappen glatt; der Mittellappen, vorne der Absturz und die Umgebung des Rückengrübchens deutlich punktiert und fein behaart; Notauli vollständig und in Form von zahlreichen, stimmgabelförmig angeordneten tiefen Grübchen ausgebildet, Rückengrübchen tief und oval, Seiten überall gerandet, die Randfurchen gehen vorne in die Notauli über. Praescutellarfurche tief und mit drei Längsleistchen. Scutellum gewölbt, glatt, glänzend. Postscutellum mit mehreren Längsleistchen. Propodeum durch zahlreiche Leisten wabenartig gegliedert, der rückwärtige Teil abfallend, an der Spitze mit einem kurzen Längskiel. Seite des Prothorax oben glatt, unten mit mehreren starken Längskielen. Mesopleurum glänzend, weitläufig mit Borstenpunkten besetzt, Sternaulus breit, dessen oberer Rand mit zahlreichen Querrippchen versehen, unten mit unregelmäßigen Grübchen, reicht vom vorderen bis zum unteren Rand und setzt sich hier noch auf das Sternum fort und mündet in ein breites Runzelfeld zwischen Vorder- und Mittelhüften, welches gegen die Hinterhüften durch eine Kante begrenzt ist; hintere Randfurche gekerbt; vom Stigma des Mesopleurums zieht eine Grübchenreihe quer über die Scheibe zur Wurzel des Vorderflügels. Metapleurum runzelig. Beine schlank, Hinterschenkel viermal so lang wie breit.

Flügel: Stigma keilförmig, *r* entspringt aus dem vorderen Drittel, *r1* mehr als halb so lang wie die Stigmabreite, einen stumpfen Winkel mit *r2* bildend, *r2* gut um die Hälfte länger als *cuqu1*, *r3* nach außen geschwungen, um die Hälfte länger als *r2*, *R* reicht reichlich an die Flügelspitze, *n.rec.* fast interstitial (kaum merklich postfurkal), *Cu2* nach außen nur schwach verengt, fast paralleseitig, *d* doppelt so lang wie *n.rec.*, *nv* schwach postfurkal, *B* geschlossen, *n.par.* entspringt aus der Mitte von *B*; *n.rec.* im Hinterflügel fehlend.

Abdomen: Erstes Tergit etwas kürzer als hinten breit, nach vorne ziemlich gleichmäßig verjüngt, nicht ganz regelmäßig, aber sehr kräftig längsgestreift, die nach rückwärts konvergierenden Kiele der vorderen Hälfte treten in den Vorderecken stark vor, rückwärts gehen sie in die Längsstreifung über, der Raum zwischen ihnen runzelig. Zweites Tergit etwa so lang wie das dritte, diese beiden nur undeutlich voneinander getrennt. Zweites Tergit unregelmäßig, aber kräftig längsgestreift, die Streifen stehen durch zahlreiche Querleisten miteinander in Verbindung. Auf dem dritten Tergit geht die Streifung in eine netzartige Skulptur über. Bohrer versteckt.

Färbung: Schwarz. Braun sind: Scapus, Pedicellus, Kopf mit Ausnahme eines verwaschenen Fleckes um das Ocellarfeld, Mundwerkzeuge, alle Beine, Tegulae, Flügelnervatur und die Unterseite des Abdomens. Flügel fast hyalin.

Absolute Körperlänge: 3,2 mm.

Relative Größenverhältnisse: Körperlänge = 87. Kopf. Breite = 25, Länge = 12, Höhe = 19, Augenlänge = 8, Augenhöhe = 15, Schläfenlänge = 4, Gesichtshöhe = 12, Gesichtsbreite = 13, Palpenlänge = 20. Thorax. Breite = 24, Länge = 38, Höhe = 28, Hinterschenkellänge = 19, Hinterschenkelbreite = 5. Flügel. Länge = 80, Breite = 38, Stigmalänge = 27, Stigmabreite = 5, *r1* = 3, *r2* = 16, *r3* = 24, *cuqu1* = 10, *cuqu2* = 6, *cu1* = 10, *cu2* = 23, *cu3* = 20, *n.rec.* = 5, *d* = 10. Abdomen. Länge = 40, Breite = 26; 1. Tergit Länge = 13, vordere Breite = 10, hintere Breite = 16.

♂. – Unbekannt.

Untersuchtes Material: Fort de Kock (Sumatra), 920 m, 1925, leg. E. JACOBSON, 1 ♀, Holotype, im Naturhistorischen Museum in Wien.

GENUS ORIENTOPIUS NOV.

Gesicht und Clypeus ohne besondere Auszeichnungen, Maxillartaster 6gliedrig, Labialtaster 4gliedrig, Hinterhaupt ungerandet. Mesonotum ohne Fortsätze in den Schulterecken, Hinterhüfte ohne Kante, Tarsenglieder von normaler Länge, Klauen einfach. Radius entspringt hinter der Basis des Stigmas, beide Cubitalqueradern ausgebildet, daher drei Cubitalzellen vorhanden, Nervus parallelus nicht interstitial, Discoidalzelle geschlossen, keine besonders verdickten Adern vorhanden. Tergite 2 + 3 vollkommen miteinander verschmolzen, auf diesen keine Querfurchen ausgebildet, dritte Sutur tief und meist stark gekerbt, das vierte Tergit bildet zusammen mit den vorhergehenden eine feste Schale (die Zurodnung der Tergite ist durch das Vorhandensein der zugehörigen Stigmen am Seitenrand gesichert).

Generotypus: *Orientopius curiosigaster* n. sp.

Die Gattung unterscheidet sich von *Opius* WESMAEL, dem sie nach dem Bestimmungsschlüssel der *Opiinae* am nächsten kommt, und von allen anderen Genera dieser Subfamilie durch die Bildung des Abdomens, nämlich durch die vollkommen verschmolzenen Tergite 2 + 3 und die tiefe und meist stark gekerbte dritte Abdominalsutur.

Bis jetzt sind drei Arten bekannt geworden:

1. Die quere Hinterleibssutur tief eingedrückt, aber einfach
tambourinus n. sp.

– Die quere Hinterleibssutur stark krenuliert 2

2. *r2* so lang wie *cuqu1*, Mesonotum zur Gänze punktiert
curiosigaster n. sp.

– *r2* gut um die Hälfte länger als *cuqu1*, Mesonotum glatt
formosanus n. sp.

Orientopius curiosigaster n. sp. (Abb. 89,90)

♂. – Kopf: Mehr als doppelt so breit wie lang, dicht punktiert und kurz, hell behaart, nur die Stirn in der Mitte schwach punktiert und glänzend, Ocellarfeld überhaupt nicht punktiert, Augen vorstehend, hinter den Augen stark verengt, Schläfen weniger als halb so lang wie die Augen, Hinterhaupt deutlich gebuchtet; Ocellen deutlich vorstehend, der Abstand zwischen ihnen so groß wie ein Ocellusdurchmesser, der Abstand des äußeren Ocellus vom inneren Augenrand um die Hälfte größer als die Breite des Ocellarfeldes. Gesicht nur wenig breiter als hoch, glänzend, dicht und deutlich punktiert und kurz, hell behaart, mit deutlichem Mittelkiel; Clypeus durch eine feine Linie vom Gesicht getrennt, vorne gerade abgestutzt und etwas gerandet, fast in gleicher Ebene wie das Gesicht liegend, glatt; Paraclypealgrübchen schwach, der Abstand zwischen ihnen so groß wie ihr Abstand vom Augenrand. Wangen so lang wie die basale Mandibelbreite. Augen verhältnismäßig klein. Mund offen, Mandibeln an der Basis nicht erweitert, Maxillartaster so lang wie die Kopfhöhe. Fühler fadenförmig, um ein Viertel länger als der Körper, 28gliedrig; drittes Fühlerglied dreimal so lang wie breit, die folgenden langsam kürzer werdend, das vorletzte um die Hälfte länger als breit; die Geißelglieder deutlich gerieft und mäßig deutlich voneinander abgesetzt.

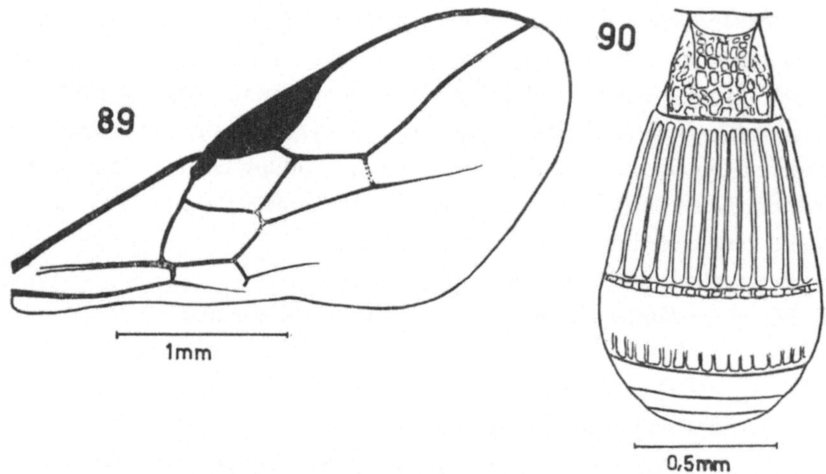

Abb. 89. *Orientopius curiosigaster* n. sp. – Vorderflügel.
Abb. 90. *Orientopius curiosigaster* n. sp. – Hinterleib von oben.

Thorax: Um ein Drittel länger als hoch, um die Hälfte höher als der Kopf und wenig schmäler als dieser, Oberseite gewölbt. Mesonotum fast so lang wie breit, vor den Tegulae nahezu gleichmäßig gerundet, deutlich und ziemlich gleichmäßig punktiert, nur die Seitenlappen seitlich kahl; Notauli in den Vorderecken tief eingedrückt und skulptiert, auf der Scheibe erloschen, Rückengrübchen tief und tropfenförmig, Seiten deutlich gerandet, die Randfurchen gehen vorne in die Notauli über, sie entfernen sich aber gleich vor den Tegulae vom eigentlichen Seitenrand. Praescutellarfurche mit mehreren Längsleistchen. Scutellum glatt, nur mit einigen feinsten Punkten. Propodeum mit unregelmäßigem, gebogenem Querkiel, vor demselben unregelmäßig netzartig runzelig, dahinter punktiert runzelig. Seite des Prothorax glatt, vordere Furche mit einigen Kerben, hintere ganz schwach gekerbt. Mesopleurum glatt, Sternaulus gekerbt, reicht vom Vorder- bis zum Hinterrand, hintere Randfurche besonders in der unteren Hälfte fein gekerbt. Metapleurum teilweise tief punktiert. Beine ziemlich gedrungen, Hinterschenkel 3-4mal so lang wie breit.

Flügel: Stigma mäßig breit, *r* entspringt vor der Mitte, *r1* halb so lang wie die Stigmabreite, einen stumpfen Winkel mit *r2* bildend, *r2* so lang wie *cuqu1*, *r3* nach außen geschwungen, dreimal so lang wie *r2*, *R* reicht an die Flügelspitze, *n.rec.* stark postfurkal, *Cu2* nach außen verengt, *d* um zwei Drittel länger als *n.rec.*, *nv* schwach postfurkal, *B* geschlossen, *n.par.* entspringt aus der Mitte von *B*; *n.rec.* im Hinterflügel fehlend.

Abdomen: Erstes Tergit so lang wie hinten breit, nach vorne nicht ganz regelmäßig verjüngt, mit zwei weit voneinander entfernten Kielen in der vorderen Hälfte, diese verschwinden dann in der netzartig-längsstreifigen Skulptur des Tergites; die Stigmen liegen in der Mitte der Seitenränder. Tergit (2 + 3) kräftig und ziemlich regelmäßig längsgestreift, nur ganz wenig breiter als lang. Dritte Sutur grob gekerbt und seitlich bogenförmig nach vorne geschwungen. Abdomen im Bereich des vierten Tergites am breitesten, dieses mehr als zweimal so breit wie lang, der Hinterrand gebogen, größtenteils glatt, nur mit Andeutung von einigen Streifen, mit einer Anzahl von Haaren, die über die ganze Oberfläche verteilt sind. Die restlichen Tergite kurz und zum Teil unter der Schale eingezogen, glatt.

Färbung: Rotbraun. Schwarz sind: Fühlergeißeln, Ocellarfeld, Mandibelspitzen, Hintertarsen, alle Pulvillen und die Schale des Abdomens. Taster, Beine und Tegulae gelb. Flügel fast hyalin, Flügelnervatur braun.

Absolute Körperlänge: 3,2 mm.

Relative Größenverhältnisse: Körperlänge = 86. Kopf. Breite = 23, Länge = 10, Höhe = 17, Augenlänge = 7, Augenhöhe = 10, Schläfenlänge = 3, Gesichtshöhe = 12, Gesichtsbreite = 14, Palpenlänge = 17, Fühlerlänge = 100. Thorax. Breite = 21, Länge = 36, Höhe = 27, Hinterschenkellänge = 20, Hinterschenkelbreite = 6. Flügel. Länge = 85, Breite = 40, Stigmalänge = 20, Stigmabreite = 6, *r1* = 3, *r2* = 10, *r3* = 29, *cuqu1* = 10, *cuqu2* = 4, *cu1* = 11, *cu2* = 16, *cu3* = 26, *n.rec.* = 6, *d* = 10. Abdomen. Länge = 40, Breite = 23; 1. Tergit Länge = 10, vordere Breite = 6, hintere Breite = 10.

♀. – Unbekannt.

Untersuchtes Material: Mt. S. Tomas 7200', nr. Baguio, Phil. Nov. 29. 1953, H. M. & D. TOWNES, 1 ♂, Holotype, in der Sammlung TOWNES im Museum of Zoology in Ann Arbor, Mich., USA.

Orientopius formosanus n. sp. (Abb. 91,92)

♀. – Kopf: Mehr als doppelt so breit wie lang, glatt, Augen stark vorstehend, hinter den Augen stark verengt, Schläfen von ein Viertel Augenlänge, Hinterhaupt stark gebuchtet; Ocellen vortretend, der Abstand zwischen ihnen so groß wie ein Ocellusdurchmesser, der Abstand des äußeren Ocellus vom inneren Augenrand um die Hälfte görßer als die Breite des Ocellarfeldes. Gesicht nur wenig breiter als hoch, ganz glatt, die Punktur nicht erkennbar, nur äußerst fein behaart, Mittelkiel kaum ausgebildet; Clypeus glatt, schwach gewölbt, durch eine feine Linie vom Gesicht getrennt, vorne schwach eingezogen; Paraclypealgrübchen voneinander nur um ein Viertel weiter entfernt als vom Augenrand. Wangen so lang wie die basale Mandibelbreite. Mund offen, Mandibeln an der Basis nicht erweitert, Maxillartaster so lang wie die Kopfhöhe. Fühler fadenförmig, kaum länger als der Körper, 22gliedrig; Pedicellus verhältnismäßig groß, mehr als halb so lang wie der Scapus; drittes Fühlerglied dreimal so lang wie breit, die folgenden langsam kürzer werdend, das vorletzte Glied um die Hälfte länger als breit; die letzten Fühlerglieder etwas schmäler werdend.

Thorax: Um die Hälfte länger als hoch, um drei Viertel höher als der Kopf und merklich schmäler als dieser, Oberseite schwach gewölbt. Mesonotum wenig breiter als lang, vor den Tegulae gleichmäßig gerundet, ganz glatt; Notauli in den Vorderecken ausgebildet, kaum skulptiert, reichen auf die Scheibe, erlöschen aber hier, Rückengrübchen tief, punktförmig, von diesem geht eine feine Mittellinie aus, die bis an den Vorderrand reicht; Seiten nur an den Tegulae gerandet. Praescutellarfurche krenuliert. Scutellum glatt. Postscutellum fein krenuliert. Propodeum mit zahlreichen feinen, netzartig angeordneten Leisten, nur vorne ganz glatt, vordere Hälfte mit Mittelkiel. Seite des Prothorax glatt. Mesopleurum ohne Skulptur, Sternaulus sehr schmal und fein, aber scharf gekerbt, reicht vom Vorder- bis fast an den Hinterrand, die übrigen Furchen einfach. Metapleurum glatt. Beine schlank, Hinterschenkel viermal so lang wie breit.

Flügel: Stigma mäßig breit, dreieckig, *r* entspringt wenig vor der Mitte, *r1* von ein Drittel Stigmabreite, im Bogen in *r2* übergehend, *r2* um die Hälfte länger als *cuqu1*, *r3* nach außen geschwungen, doppelt so lang wie *r2*, *R* reicht reichlich an die Flügelspitze, *n.rec.* schwach postfurkal, *Cu2* nach außen verengt, *d* um ein Drittel länger als *n.rec.*, *nv* fast interstitial, *B* unvollständig geschlossen, *n.par.* entspringt unter der Mitte von *B*; *n.rec.* im Hinterflügel fehlend.

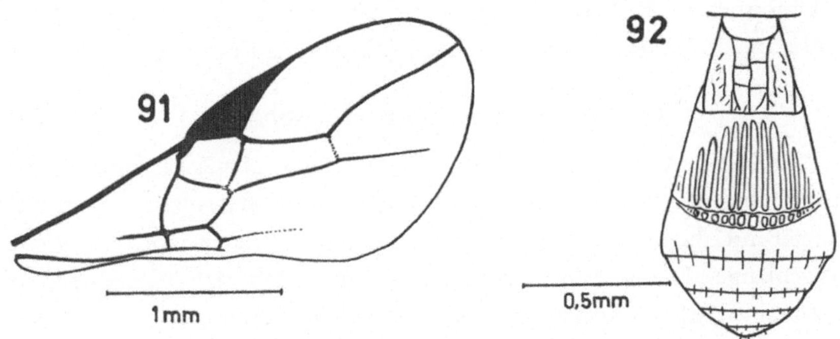

Abb. 91. *Orientopius formosanus* n. sp. – Vorderflügel.
Abb. 92. *Orientopius formosanus* n. sp. – Hinterleib von oben.

Abdomen: Keulenförmig, weit hinter der Mitte im Bereich des dritten Tergites am breitesten. Erstes Tergit wenig länger als hinten breit, Seitenränder nach vorne bis zur Mitte parallel, dann konvergierend, mit zwei gekrümmten Kielen im vorderen Drittel, grob maschenartig runzelig, seitlich mehr längsrunzelig. Zweites Tergit um die Hälfte breiter als lang, größtenteils stark längsgestreift, nur seitlich glatt, die Stigmen liegen hinter der Mitte und sind beträchtlich vom Seitenrand entfernt. Zweite Sutur halbkreisförmig, tief und stark gekerbt. Drittes Tergit kurz, fünfmal so breit wie in der Mitte lang; dieses und die folgenden Tergite glatt. Bohrer kaum vorstehend.

Färbung: Rotbraun. Fühlergeißel braun, die apikalen fünf Glieder hell gelb. Gesicht, Wangen, Mundwerkzeuge, alle Beine und die Tegulae gelb. Flügelnervatur braun. Flügel hyalin. Schwarz sind: Scutellum und Postscutellum an den Nähten, Propodeum und Abdominaltergite.

Absolute Körperlänge: 2,9 mm.

Relative Größenverhältnisse: Körperlänge = 78. Kopf. Breite = 24,

Länge = 11, Höhe = 13, Augenlänge = 9, Augenhöhe = 11, Schläfenlänge = 2, Gesichtshöhe = 10, Gesichtsbreite = 12, Palpenlänge = 14, Fühlerlänge = 90. Thorax. Breite = 18, Länge = 32, Höhe = 22, Hinterschenkellänge = 17, Hinterschenkelbreite = 4. Flügel. Länge = 80, Breite = 38, Stigmalänge = 20, Stigmabreite = 5, *r1* = 2, *r2* = 14, *r3* = 27, *cuqu1* = 10, *cuqu2* = 4, *cu1* = 10, *cu2* = 19, *cu3* = 20, *n.rec.* = 6, *d* = 8. Abdomen. Länge = 35, Breite = 20; 1. Tergit Länge = 12, vordere Breite = 5, hintere Breite = 10.

♂. – Unbekannt.

Untersuchtes Material: Formosa, SAUTER, Mt. Hoozan, 1910, I., 1 ♀, Holotype, im Naturwissenschaftlichen Museum in Budapest.

Orientopius tambourinus n. sp. (Abb. 93,94)

♀. – Kopf: Mehr als doppelt so breit wie lang, glänzend, fein und zerstreut, aber deutlich punktiert und behaart, Ocellarfeld glatt, Augen stark vorstehend, hinter den Augen stark verengt, Schläfen von ein Viertel Augenlänge, Hinterhaupt fast gerade; Ocellen schwach vortretend, der Abstand zwischen ihnen so groß wie ein Ocellusdurchmesser, der Abstand des äußeren Ocellus vom inneren Augenrand um eine Spur größer als die Breite des Ocellarfeldes. Gesicht an der schmalsten Stelle um ein Drittel breiter als hoch, gewölbt, ziemlich dicht und deutlich punktiert und behaart, glänzend, mit deutlichem, stumpfem Mittelkiel; Augenränder nach unten stark divergierend; Clypeus zweieinhalbmal so breit wie hoch, schwach gewölbt, glänzend, schwächer punktiert als das Gesicht, durch einen deutlichen Eindruck vom Gesicht getrennt, vorne aufgebogen und gerade abgestutzt; Paraclypealgrübchen voneinander um die Hälfte weiter entfernt als vom Augenrand. Wangen länger als die basale Mandibelbreite. Mund offen, Mandibeln an der Basis nicht erweitert, Maxillartaster so lang wie die Kopfhöhe. Fühler an dem vorliegenden Stück beschädigt; wohl fadenförmig, 24 Glieder sichtbar; drittes Fühlerglied dreimal so lang wie breit, die folgenden kürzer werdend, die letzten der sichtbaren Glieder nur wenig länger als breit; die Geißelglieder mäßig deutlich voneinander abgesetzt, dicht gerieft und kurz behaart.

Thorax: Um zwei Fünftel länger als hoch, um ein Drittel höher als der Kopf und merklich schmäler als dieser, Oberseite flach, mit der Unterseite parallel, vorne und im Bereich des Propodeums recht steil abfallend. Pronotum an dem vorliegenden Exemplar von oben kaum sichtbar, doch dürfte in der Mitte kein Grübchen vorhanden sein. Mesonotum wenig breiter als lang, Seiten bis zu den Vorderecken fast geradlinig konvergierend, Vorderrand gerade, glatt und glänzend, über den Mittellappen einige wenige feinste Haarpunkte verteilt, vorne am Absturz nur schütter punktiert und behaart; Notauli vorne deutlich eingedrückt, gekrümmt, mit einigen Kerben, reichen auf die Scheibe, erlöschen aber hier, ihr gedachter Verlauf durch je eine Reihe feiner Härchen angedeutet, Rückengrübchen punktförmig, Seiten überall gerandet, vorne sogar gekerbt, gehen in die Notauli über. Praescutellarfurche mit wenigen Längsleistchen. Axillae seitlich mit aufgebogenem Rand. Scutellum glatt. Postscutellum kaum skulptiert. Propodeum ziemlich gleichmäßig runzelig, matt. Seite des Prothorax glatt, beide Furchen nur schwach gekerbt. Mesopleurum glatt, Sternaulus lang und schmal, reicht vom unteren bis zum vorderen Rand, der ganzen Länge nach gekerbt, vordere Mesopleuralfurche einfach, hintere Randfurche gekerbt. Metapleurum glatt, gegen die Ränder runzelig punktiert und mit längeren, hellen Haaren. Beine gedrungen, Hinterschenkel dreimal so lang wie breit, die Hintertarsen etwas kürzer als die Hinterschienen.

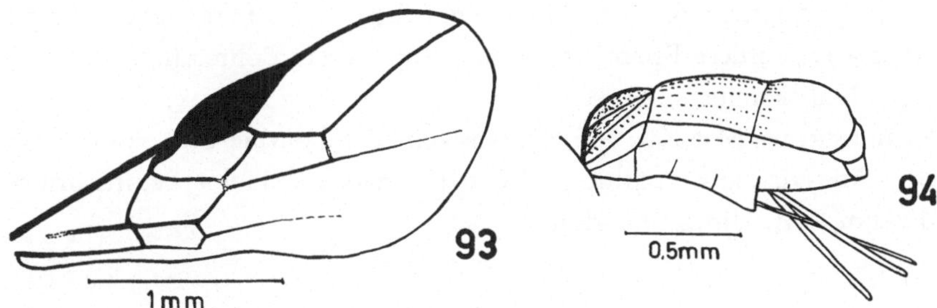

Abb. 93. *Orientopius tambourinus* n. sp. – Vorderflügel.
Abb. 94. *Orientopius tambourinus* n. sp. – Abdomen in Seitenansicht.

Flügel: Stigma keilförmig, *r* entspringt aus dem vorderen Drittel, *r1* von ein Drittel Stigmabreite, ohne Winkel in *r2* übergehend, *r2* um ein Viertel länger als *cuqu1*, *r3* nach außen geschwungen, doppelt so lang wie *r2*, *R* reicht reichlich an die Flügelspitze, *n.rec.* postfurkal, *Cu2* nach außen verengt, *d* um die Hälfte länger als *n.rec.*, *nv* schwach postfurkal, *B* geschlossen, *n.par.* entspringt unter der Mitte von *B*; *n.rec.* im Hinterflügel fehlend.

Abdomen: Erstes Tergit so lang wie hinten breit, nach vorne schwach und geradlinig verjüngt, die beiden seitlichen Kiele des vorderen Drittels schließen sich halbkreisförmig, von ihnen gehen drei Längskiele aus, die bis an den Hinterrand reichen, der Raum zwischen den Kielen glatt, der Rest des Tergites mit feiner, längsstreifiger Skulptur. Tergit (2 + 3) um ein Drittel länger als Tergit 4, deutlich punktiert, die Punkte in Längsreihen angeordnet, sie werden nach rückwärts zu schwächer; über die ganze Oberfläche sind einzelne, zerstreute Härchen verteilt. Zweite Sutur tief, gekrümmt, aber einfach. Viertes Tergit und die folgenden glatt, ohne Skulptur, das erstere mit mehrreihig angeordneten, feinen Haaren. Bohrer vorstehend, aber etwas kürzer als das erste Tergit.

Färbung: Rotbraun. Fühlergeißeln, Mandibelspitzen und Bohrerklappen geschwärzt. Hintertarsen braun. Flügelnervatur braun, Flügel braun gefärbt.

Absolute Körperlänge: 3,0 mm.

Relative Größenverhältnisse: Körperlänge = 80. Kopf. Breite = 23, Länge = 10, Höhe = 17, Augenlänge = 8, Augenhöhe = 11, Schläfenlänge = 2, Gesichtshöhe = 11, Gesichtsbreite = 14, Palpenlänge = 17. Thorax. Breite = 19, Länge = 30, Höhe = 22, Hinterschenkellänge = 15, Hinterschenkelbreite = 5. Flügel. Länge = 75, Breite = 35, Stigmalänge = 20, Stigmabreite = 5, *r1* = 2, *r2* = 10, *r3* = 22, *cuqu1* = 8, *cuqu2* = 4, *cu1* = 10, *cu2* = 14, *cu3* = 21, *n.rec.* = 6, *d* = 9. Abdomen. Länge = 40, Breite = 20; 1. Tergit Länge = 12, vordere Breite = 6, hintere Breite = 11; Bohrerlänge = 10.

♂. – Unbekannt.

Untersuchtes Material: S.E. Queensland, Tambourine Mts., 26.-29. IV. 1935, Australia, R. E. TURNER, B. M. 1935 – 240, 1 ♀, Holotype, im British Museum, Nat. Hist. in London.

GENUS INDIOPIUS NOV.

Gesicht einfach, Clypeus ohne Horn in der Mitte, Maxillartaster mit 6, Labialtaster mit 4 Gliedern, Schläfen ohne Querfalte in der Mitte, Hinterhaupt ungerandet. Thorax ohne besondere Auszeichnungen, ohne Fortsätze in den Schulterecken, Beine von normaler Gestalt, Hinterhüften ohne Kante, die mittleren Tarsenglieder nicht verkürzt, Klauen einfach. Der Radius entspringt hinter der Basis des Stigmas, die distalen zwei Drittel des ersteren ausgeblaßt, beide Cubitalqueradern fehlen, Nervus recurrens fehlt, untere und äußere Begrenzung der Brachialzelle fehlen ebenfalls, Parallelnerv nicht vorhanden. Abdominaltergite normal ausgebildet, Querfurchen oder tiefe Suturen nicht ausgebildet.

Generotypus: *Indiopius humillimus* n. sp.

Das neue Genus ist wegen des ungerandeten Hinterhauptes in die Tribus *Opiini* zu stellen und steht wegen des stark reduzierten Flügelgeäders der Gattung *Pokomandya* FI. am nächsten. Bei dieser fehlt vor allem die erste Cubitalquerader. *Indiopius* nov. gen. unterscheidet sich von *Pokomandya* FI. und allen anderen Opiinen-Gattungen durch das Fehlen des *n.rec.*, der äußeren und unteren Begrenzung von *B* sowie durch die offene Radialzelle letzteres Merkmal hat noch *Ademon* HAL.). Daß es sich tatsächlich um einen Vertreter der Subfamilie *Opiinae* handelt, steht außer Zweifel, was vor allen durch das Vorhandensein einer schmalen Mundspalte erwiesen ist.

Bis jetzt sind zwei Arten bekannt geworden:

1. Körper gelb bis rötlichgelb; erstes Tergit chagriniert; Stirn zwischen Ocellus und Augenrand ohne eingestochenen Borstenpunkt. *humillimus* n. sp.

– Körper braun bis dunkelbraun; erstes Tergit irregulär runzelig, matt; Stirn zwischen Ocellus und Augenrand jederseits mit einem feinen, eingestochenen Borstenpunkt. *saigonensis* n. sp.

Indiopius humillimus n. sp. (Abb. 95)

♀. – Kopf: Doppelt so breit wie lang, glatt, Augen nicht vorstehend, hinter den Augen gerundet, Hinterhaupt schwach gebuchtet; Ocellen klein, der Abstand zwischen ihnen doppelt so groß wie ein Ocellusdurchmesser, der Abstand des äußeren Ocellus vom inneren Augenrand so groß wie die Breite des Ocellarfeldes. Gesicht um ein Drittel breiter als hoch, glänzend, die Punktur kaum erkennbar, die Behaarung äußerst fein und ebenfalls kaum wahrnehmbar, Mittelkiel stumpf und undeutlich; Clypeus flach, in gleicher Ebene wie das Gesicht liegend, vorne gerade abgestutzt, mit deutlichen Grübchen seitlich an der Basis, durch eine feine Linie vom Gesicht getrennt, glänzend. Wangen wenig kürzer als die basale Mandibelbreite. Mund offen, Mandibeln an der Basis nicht erweitert, die beiden Spitzen fast gleich lang, Maxillartaster so lang wie die Kopfhöhe. Fühler fadenförmig, nur eine Spur länger als die Kopfhöhe, 19gliedrig; drittes Fühlerglied zweieinhalbmal so lang wie breit, das vierte ebenso lang, die folgenden ganz wenig dicker werdend, die Glieder der apikalen Hälfte nehmen an Länge unmerklich ab, das vorletzte Glied doppelt so lang wie breit; die Geißelglieder deutlich gerieft und deutlich voneinander abgesetzt.

Thorax: Um ein Viertel länger als hoch, um ein Drittel höher als der

Kopf und merklich schmäler als dieser, Oberseite stark gewölbt. Mesonotum nur wenig breiter als lang, vor den Tegulae gleichmäßig gerundet, glatt; Notauli fehlen praktisch ganz (nur ein äußerst vager Eindruck in der Nähe der Vorderecken erkennbar), ihr gedachter Verlauf durch je eine Reihe feiner Härchen angedeutet, Rückengrübchen fehlt, Seiten überall fein gerandet. Praescutellarfurche schmal und fein krenuliert. Scutellum glatt, rückwärts kaum merklich gerandet. Postscutellum ohne Skulptur. Propodeum glatt und glänzend. Seite des Thorax ohne Skulptur, Sternaulus eingedrückt, schmal, eine Krenulierung aber fast nicht erkennbar, alle übrigen Furchen einfach. Beine schlank, Hinterschenkel viereinhalbmal so lang wie breit.

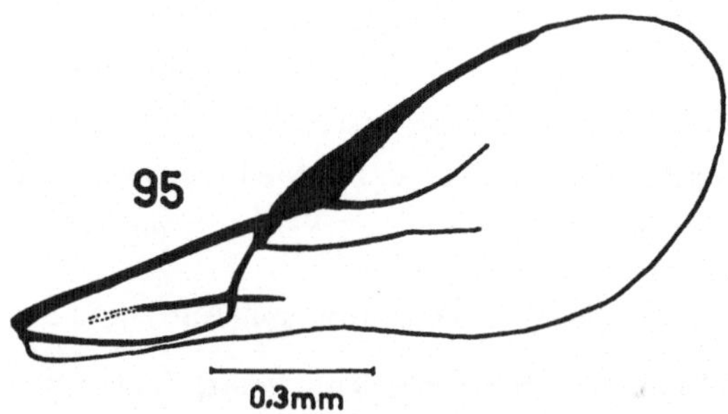

Abb. 95. *Indiopius humillimus* n. sp. – Vorderflügel.

Flügel: Stigma keilförmig, *r* entspringt aus dem vorderen Drittel, *r* ziemlich gleichmäßig geschwungen, hinter dem basalen Drittel allmählich erlöschend, die gedachte Spitze von *R* liegt deutlich vor der Flügelspitze, der Metakarp reicht nicht ganz bis an diesen Punkt, *cu* vollständig ausgebildet, das heißt, er erlöscht im Bereich der gedachten *Cu3*, *d* ausgebildet, *nv* fast interstitial; *n.rec.* im Hinterflügel fehlend.

Abdomen: Erstes Tergit so lang wie hinten breit, nach vorne gleichmäßig verjüngt, ziemlich flach, gleichmäßig chagriniert, mit zwei schwach nach rückwärts konvergierend enKielen im vorderen Drittel. Zweites und drittes Tergit noch feiner chagriniert. Die restlichen Tergit glatt. Bohrer nur äußerst kurz vorstehend.

Färbung: Gelb bis rötlichgelb. Fühlergeißeln, Mandibelspitzen und die Pulvillen verdunkelt. Flügel hyalin.

Absolute Körperlänge: 1,7 mm.

Relative Größenverhältnisse: Körperlänge = 45. Kopf. Breite = 13, Länge = 7, Höhe = 10, Augenlänge = 4, Augenhöhe = 6, Schläfenlänge = 3, Gesichtshöhe = 5, Gesichtsbreite = 8, Palpenlänge = 10, Fühlerlänge = 50. Thorax. Breite = 10, Länge = 16, Höhe = 13, Hinterschenkellänge = 9, Hinterschenkelbreite = 2. Flügel. Länge = 45, Breite = 18, Stigmalänge = 10, Stigmabreite = 3. Sonstige Maße können nicht gegeben werden. Abdomen. Länge = 22, Breite = 12; 1. Tergit Länge = 6; vordere Breite = 4, hintere Breite = 6; Bohrerlänge = 3.

♂. – Färbung bei dem vorliegenden Stück mehr rötlichgelb, Spitze des Abdomens dunkel.

Untersuchtes Material: New Delhi, India, IX. – 1958, M. R. RAO, 2 ♀♀, 2 ♂♂; vom gleichen Fundort, VII. – 1958, 1 ♀.

Holotype: Ein ♀ in der Sammlung der University of Wisconsin in Madison.

Indiopius saigonensis n. sp.

♀. – Kopf: Doppelt so breit wie lang, glatt, Augen wenig vorstehend, hinter den Augen gerundet, Schläfen halb so lang wie die Augen, Hinterhaupt schwach gebuchtet; Ocellen nicht vortretend, klein, der Abstand zwischen ihnen doppelt so groß wie ein Ocellusdurchmesser, der Abstand des äußeren Ocellus vom inneren Augenrand so groß wie die Breite des Ocellarfeldes. Gesicht um ein Drittel breiter als hoch, ganz glatt, Mittelkiel fehlt; Clypeus flach, vorne gerade abgestutzt, durch eine schwache Linie vom Gesicht getrennt, glatt; Paraclypealgrübchen klein, ihr Abstand voneinander 3-4mal so groß wie ihre Entfernung vom Augenrand. Wangen fast kürzer als die basale Mandibelbreite. Mund schmal offen; Mandibeln an der Basis nicht erweitert, Maxillartaster so lang wie die Kopfhöhe. Fühler fadenförmig, um ein Viertel länger als der Körper, 19gliedrig; drittes Fühlerglied zweieinhalbmal so lang wie breit, die folgenden nur langsam kürzer werdend, das vorletzte fast zweimal so lang wie breit; die Geißelglieder deutlich voneinander abgesetzt und deutlich gerieft.

Thorax: Um die Hälfte länger als hoch, um ein Drittel höher als der Kopf und merklich schmäler als dieser, Oberseite stark gewölbt. Mesonotum um ein Drittel breiter als lang, vor den Tegulae gleichmäßig gerundet, ganz glatt, nur am äußersten Vorderrand schwach punktiert-runzelig; Notauli vorne eingedrückt und krenuliert, auf der Scheibe fehlend, ihr gedachter Verlauf durch je eine Reihe feiner Härchen angedeutet, Rückengrübchen fehlt, Seiten nur an den Tegulae deutlich gerandet. Praescutellarfurche scharf krenuliert. Scutellum glatt, hinten fein gerandet, die Randkante fein gekerbt. Postscutellum und Propodeum glatt bis schwach uneben. Seite des Thorax ganz glatt, Sternaulus deutlich eingedrückt, reicht aber weder an den Vorder- noch an den Hinterrand, mit feinen Querrippchen, die übrigen Furchen einfach. Beine schlank, Hinterschenkel viermal so lang wie breit.

Flügel: Stigma keilförmig, *r* entspringt aus dem vorderen Drittel, *r* ziemlich gleichmäßig geschwungen, hinter der Mitte erloschen, die gedachte Spitze von *R* (Ende des Metakarps) liegt vor der Flügelspitze, *cu* vollständig ausgebildet, das heißt, er erlöscht im Bereich der gedachten *Cu3*, *d* ausgebildet, *nv* um die eigene Breite postfurkal; *n.rec.* im Hinterflügel fehlend.

Abdomen: Erstes Tergit nur unbedeutend länger als hinten breit, nach vorne gleichmäßig verjüngt, mit zwei nach rückwärts konvergierenden Kielen in der vorderen Hälfte, das ganze Tergit ziemlich flach und irregulär runzelig, matt. Tergit (2 + 3) fein chagriniert, nach rückwärts zu schwächer, der Rest des Abdomens ganz glatt. Bohrer kaum vorstehend.

Färbung: Braun. Dunkelbraun sind: Oberseite des Kopfes, Oberseite des Thorax mit Ausnahme des Propodeums und die Spitze des Abdomens. Fühlergeißel geschwärzt. Scapus, Pecidellus, Taster, Tegulae, Flügelnervatur und alle Beine gelb. Flügel hyalin.

Absolute Körperlänge: 1,4 mm.

Relative Größenverhältnisse: Körperlänge = 37. Kopf. Breite = 13, Länge = 6, Höhe = 10, Augenlänge = 4, Augenhöhe = 6, Schläfenlänge = 2, Gesichtshöhe = 5, Gesichtsbreite = 7, Palpenlänge = 10, Fühlerlänge = 45. Thorax. Breite = 10, Länge = 15, Höhe = 13, Hinterschenkellänge = 9, Hinterschenkelbreite = 2,5. Flügel. Länge = 43, Höhe = 18, Stigmalänge = 11, Stigmabreite = 2,5. Weitere Angaben können nicht gemacht werden. Abdomen. Länge = 16, Breite = 11; 1. Tergit Länge = 6, vordere Breite = 3, hintere Breite = 5.

♂. – Unbekannt.

Untersuchtes Material: Saigon, VII. 50, J. BARBIER, 1 ♀; I. 49, 1 ♀; 21. 3. 49, 1 ♀.

Holotype: Das erstgenannte ♀ im Museum National d'Histoire Naturelle in Paris.

GENUS GNAPTODON HALIDAY

Einzige Art:

Gnaptodon nepalicus n. sp. (Abb. 96,97)

♀. – Kopf: Doppelt so breit wie lang, feinst chagriniert, auch das Ocellarfeld, stellenweise glänzend, mit einzelnen feinsten Haaren, Augen kaum vorstehend, an den Schläfen ebenso breit wie an den Augen, diese gerundet, halb so lang wie die Augen, Hinterhaupt schwach gebuchtet; Ocellen schwach vortretend, der Abstand zwischen ihnen so groß wie ein Ocellusdurchmesser, der Abstand des äußeren Ocellus vom inneren Augenrand so groß wie die Breite des Ocellarfeldes. Gesicht um ein Viertel breiter als hoch, fein chagriniert, mit verhältnismäßig langen, weißlichen, abstehenden Haaren versehen, gleichmäßig, aber nur schwach gewölbt, Mittelkiel nicht ausgebildet, Augenränder parallel; Clypeus dreimal so breit wie hoch, durch eine feine Linie vom Gesicht getrennt, schwach gewölbt, glatt, glänzend, vorne gerade abgestutzt; Paraclypealgrübchen voneinander um die Hälfte weiter entfernt als vom Augenrand. Wangen länger als die basaleMandibelbreite. Schläfen glatt. Mund offen, Mandibeln an der Basis nicht erweitert. Maxillartaster so lang wie die Kopfhöhe. Fühler fadenförmig, so lang wie der Körper, 21gliedrig; drittes Fühlerglied dreieinhalbmal so lang wie breit, die folgenden etwa gleich lang, erst die späteren etwas kürzer werdend, das vorletzte mehr als eineinhalbmal so lang wie breit; die Geißelglieder eng aneinanderschließend, dicht behaart und mit kurzen, abstehenden Borsten an ihren Enden.

Thorax: Um die Hälfte länger als hoch, um ein Drittel höher als der Kopf und gleich breit wie dieser, Oberseite flach, mit der Unterseite parallel. Mesonotum merklich breiter als lang, vor den Tegulae gleichmäßig gerundet, ganz glatt; Notauli fein eingeschnitten, vollständig, gerade, reichen bis an den Hinterrand und sind mit je einer Reihe von feinen, abstehenden Haaren besetzt, Rückengrübchen fehlt, Seiten nur an den Tegulae gerandet, diese sind entlang einer gedachten Linie, die vorne in die Notauli übergeht, mit feinen, abstehenden Haaren besetzt. Praescutellarfurche fein gekerbt. Scutellum, Postscutellum und Propodeum glatt. Seite des Prothorax glatt, vordere Furche spurenhaft gekerbt. Meso- und Metapleurum glatt, Sternaulus fehlt, alle übrigen Furchen einfach. Beine schlank, Hinterschenkel fünfmal so lang wie breit.

Flügel: Verhältnismäßig schmal. Stigma mäßig breit, halbeiförmig, *r* entspringt vor der Mitte, *r1* von zwei Drittel Stigmabreite, einen stumpfen Winkel mit *r2* bildend, *r2* um ein Drittel kürzer als *cuqu1*, *r3* fast gerade, fünfmal so lang wie *r2*, *R* reicht an die Flügelspitze, *n.rec.* interstitial, *Cu2* nach außen nur schwach verengt, *d* um die Hälfte länger als *n.rec.*, *nv* schwach postfurkal, *B* geschlossen, *n.par.* entspringt aus der Mitte von *B*; *n.rec.* im Hinterflügel fehlend.

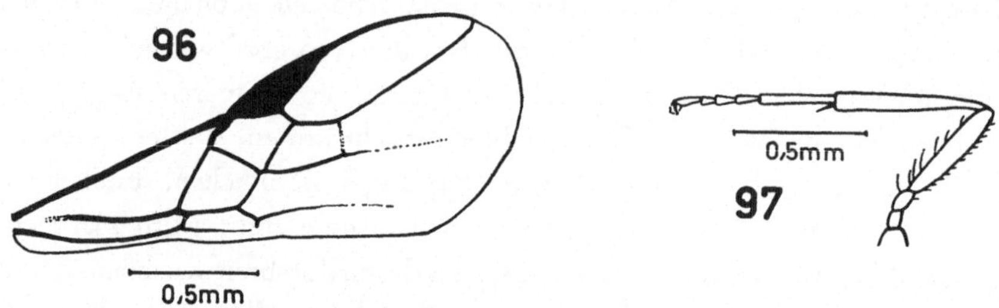

Abb. 96. *Gnaptodon nepalicus* n. sp. – Vorderflügel.
Abb. 97. *Gnaptodon nepalicus* n. sp. – Hinterbein.

Abdomen: Erstes Tergit um die Hälfte länger als hinten breit, nach vorne nur schwach und geradlinig verjüngt, nicht ganz regelmäßig längsgestreift, die seitlichen Kiele gehen in die Streifung über. Zweites Tergit mit einer bogenförmigen Querfurche nahe der Basis, der Raum vor dieser glatt, dahinter längsstreifig runzelig. Diese Skulptur reicht nahe an den Hinterrand des Tergites. Die zweite Sutur tief, bogenförmig und fein gekerbt. Drittes Tergit an der Basis höchstens mit Spuren einer Längsstreifung. Der Rest des Abdomens ganz glatt. Bohrer etwas vorstehend, nicht ganz so lang wie das erste Tergit.

Färbung: Schwarz. Hellbraun sind: Scapus, Pedicellus, Clypeus, Mundwerkzeuge, alle Beine, Tegulae und die Flügelnervatur. Hintertarsen dunkler. Flügel fast hyalin.

Absolute Körperlänge: 2,0 mm.

Relative Größenverhältnisse: Körperlänge = 54. Kopf. Breite = 13, Länge = 6, Höhe = 10, Augenlänge = 4, Augenhöhe = 7, Schläfenlänge = 2, Gesichtshöhe = 6,5, Gesichtsbreite = 8, Palpenlänge = 10, Fühlerlänge = 60. Thorax. Breite = 13, Länge = 20, Höhe = 13, Hinterschenkellänge = 12, Hinterschenkelbreite = 2,5. Flügel. Länge = 60, Breite = 25, Stigmalänge =

14, Stigmabreite = 3, $r1 = 2$, $r2 = 4$, $r3 = 19$, $cuqu1 = 7$, $cuqu2 = 4$, $cu1 = 7$, $cu2 = 9$, $cu3 = 20$, $n.rec. = 5$, $d = 7$. Abdomen. Länge = 28, Breite = 10; 1. Tergit Länge = 9, vordere Breite = 4, hintere Breite = 6. Bohrerlänge = 7.

♂. – Vom ♀ nicht verschieden. Fühler 22gliedrig, bis zum vierten Fühlerglied hell.

Untersuchtes Material: Taplejung Distr., above Sangu. Mixed vegetation in dried-up ravine. c. 6800′, 16. II. 1962. Brit. Mus. East Nepal Exp. 1961 – 62. R. L. COE Coll. B.M. 1962 – 177, 1 ♀. – Vom gleichen Fundort, Mixed vegetation by stream in gully. XI. 1961-I. 1962, 1 ♂.

Holotype: Das ♀ im British Museum, Nat. Hist. in London.

Anmerkung: Diese ist bis jetzt die einzige aus dem indo-australischen Gebiet bekannt gewordene Art der Gattung *Gnaptodon*. Sie unterscheidet sich von den aus Europa bekannten Vertretern durch den vorstehenden Bohrer des ♀ und das chagrinierte Gesicht.

GENUS NEOPIUS GAHAN

Einzige Art:

Neopius jacobsoni n. sp.

♂. – Kopf: Doppelt so breit wie lang, glatt, Augen stark vorstehend, hinter den Augen stark verengt, Schläfen weniger als halb so lang wie die Augen, Hinterhaupt gebuchtet; Ocellen wenig vortretend, der Abstand zwischen ihnen so groß wie ein Ocellusdurchmesser, der Abstand des äußeren Ocellus vom inneren Augenrand so groß wie die Breite des Ocellarfeldes; eine kurze Furche zieht von der Basis des Ocellarfeldes zur Hinterhauptsrandung. Gesicht verhältnismäßig schmal, quadratisch, glänzend, fein punktiert und behaart, Mittelkiel nicht erkennbar; Clypeus durch einen deutlichen Einschnitt vom Gesicht getrennt, schwach gewölbt, fast halbkreisförmig, vorne gerade abgestutzt glatt, mit tiefen Grübchen seitlich an der Basis; der Abstand der Paraclypealgrübchen voneinander zweieinhalbmal so groß wie die Entfernung zwischen diesen und dem Augenrand. Wangen kürzer als die basale Mandibelbreite. Mund offen, Mandibeln gegen die Basis verbreitert, aber nicht jäh erweitert, Maxillartaster länger als die Kopfhöhe, reichen bis zu den Hinterhüften. Fühler borstenförmig, um die Hälfte länger als der Körper, 32gliedrig; drittes Fühlerglied viermal so lang wie breit, die folgenden langsam kürzer werdend, das vorletzte

Glied doppelt so lang wie breit; die Geißelglieder schwach voneinander abgesetzt.

Thorax: Um ein Drittel länger als hoch, um die Hälfte höher als der Kopf und wenig schmäler als dieser, Oberseite gewölbt. Mesonotum wenig breiter als lang, vor den Tegulae ziemlich gleichmäßig gerundet, glatt; Notauli in den Schulterecken eingedrückt und glatt, reichen auf die Scheibe, verschwinden aber knapp vor dem gedachten Rückengrübchen, letzteres fehlend, der Verlauf der Notauli von einzelnen, feinen Härchen begleitet, Seiten überall gerandet, die Randfurchen gehen vorne in die Notauli über. Praescutellarfurche krenuliert. Scutellum und Postscutellum glatt. Propodeum glänzend bis uneben, mit einer fünfseitigen Areola, von der seitlich kurze Querleistchen und nach vorne ein kurzer Längskiel abgehen. Seite des Thorax glatt und glänzend; Sternaulus lang und schmal, reicht aber weder ganz an den Vorder- noch ganz an den Hinterrand, scharf gekerbt, die übrigen Furchen einfach; vordere Randfurche des Metapleurums gekerbt. Beine schlank, Hinterschenkel viereinhalbmal so lang wie breit.

Flügel: Stigma verhältnismäßig breit, keilförmig, *r* entspringt vor der Mitte, *r1* weniger als halb so lang wie die Stigmabreite, eine gerade Linie mit *r2* bildend, *r2* um die Hälfte länger als *cuqu1*, *r3* nach außen geschwungen, doppelt so lang wie *r2*, *R* reicht reichlich an die Flügelspitze, *n.rec.* stark postfurkal, *Cu2* nach außen schwach verengt, *d* um ein Drittel länger als *n.rec.*, *nv* interstitial, *B* geschlossen, *n.par.* entspringt aus der Mitte von *B*; *n.rec.* im Hinterflügel fehlend.

Abdomen: Erstes Tergit um ein Drittel länger als hinten breit, nach vorne gleichmäßig verjüngt, mit zwei Längskielen, die bis zur Mitte konvergieren, dann parallel verlaufen und bis an den Hinterrand reichen; das mediane Feld, das sie begrenzen, erhaben und längsrunzelig, die lateralen Felder glatt. Der Rest des Abdomens ohne Skulptur.

Färbung: Schwarz. Gelb sind: Scapus, Pedicellus, Mundwerkzeuge und alle Beine. Braun sind: Clypeus, Tegulae und die Flügelnervatur. Flügel ganz schwach getrübt.

Absolute Körperlänge: 2,5 mm.

Relative Größenverhältnisse: Körperlänge = 67. Kopf. Breite = 19, Länge = 9, Höhe = 14, Augenlänge = 6,5, Augenhöhe = 10, Schläfenlänge = 2,5, Gesichtshöhe = 9, Gesichtsbreite = 9, Palpenlänge = 20, Fühlerlänge = 100. Thorax. Breite = 17, Länge = 26, Höhe = 21, Hinterschenkellänge = 18, Hinterschenkelbreite = 4. Flügel. Länge = 75, Breite = 38, Stigmalänge =

16, Stigmabreite = 5, *r1* = 1,5, *r2* = 13, *r3* = 26, *cuqu1* = 8, *cuqu2* = 5, *cu1* = 7, *cu2* = 18, *cu3* = 19, *n.rec.* = 5, *d* = 7. Abdomen. Länge = 32, Breite = 15; 1. Tergit Länge = 12, vordere Breite = 5, hintere Breite = 9.

♀. – Unbekannt.

Untersuchtes Material: Fort de Kock (Sumatra) 920 m. 1925, leg. E. JACOBSON, 1 ♂, Holotype, im Naturhistorischen Museum in Wien.

INDEX DER GATTUNGEN UND ARTEN

ARTEN, DIE NICHT BERÜCKSICHTIGT WERDEN KONNTEN

Opius arisanus SONAN, Trans. Nat. Hist. Soc. Formosa *22*, 1932, p. 67.

Diachasma carpocapsae ASHMEAD, Proc. Linn. Soc. N.S. Wales *25*, 1900, p. 357.

Opius dacusii CAMERON, Spol. Zeyl. *3*, 1906, p. 210. – Nach der Meinung von C. F. W MUESEBECK wahrscheinlich ein Synonym von *Opius longicaudatus* (ASHM.).

Opius carpomyiae SILVESTRI, Boll. Lab. Zool. gen. agr. Portici *11*, 1916, p. 165.

Biosteres fulvus SZÉPLIGETI; Term Füzet. *23*, 1900, p. 65. – Bisher konnte ich nur ein ♂ dieser Art sehen, das aber zur Identifizierung der Spezies nicht ausreicht.

Opius makii SONAN, Trans. Nat. Hist. Soc. Formosa *22*, 1932, p. 68.

Opius philippinensis ASHMEAD, Proc. U.S. Nat. Mus. *28*, 1905, p. 148. – Es ist zu vermuten, daß die Art entweder mit *Opius javanus* SZÉPL. oder *O. manilensis* FI. identisch ist. Da jedoch die Urbeschreibung sehr dürftig ist, läßt sich ohne Kenntnis von Typenmaterial nichts sicheres sagen.

Opius ponerophagus SILVESTRI, Mem. Acc. Lincei 25, 1916, p. 426.

Hexaulax ruficeps CAMERON, Soc. ent. 25, 1910, p. 26. – Nach der Auffasung von C. F. W. MUESEBECK ist auch diese Art beim Genus *Opius* WESM. einzureihen.

LITERATUR

ASHMEAD, W. A.: Descriptions of New Genera and Species of *Hymenoptera* from the Philippine Islands. Proc. U.S. Nat. Mus. *28*, 1905, p. 148.

– ds. –: Additions to the recorded Hymenopterous Fauna of the Philippine Islands, with Descriptions of New Species. Proc. U.S. Nat. Mus. *28*, 1905, p. 957–971.

BRIDWELL, J. C.: Descriptions of New Species of Hymenopterous Parasites of Muscoid *Diptera* with Notes on their Habits. Proc. Hawaii ent. Soc. *4*, 1919, p. 166–179.

CAMERON, P.: On a Collection of Parasitic *Hymenoptera* (Chiefly Bred), Made by Mr. W. W. FROGGATT, F.L.S., in New South Wales, with Descriptions of New Genera and Species. Proc. Linn. Soc. N.S. Wales *34*, 1911, p. 333–346.

DALLA TORRE, C. G.: Catalogus Hymenopterorum, IV, *Braconidae*, 1898, Leipzig, VIII + 323 Seiten.

ENDERLEIN, G.: H. SAUTER's Formosa-Ausbeute. *Braconidae, Proctotrupidae* und *Evaniidae (Hym.)*. Ent. Mitt. *1*, 1912 p. 257–267.

FISCHER, M.: Die europäischen Arten der Gattung *Opius* WESM. Teil III. Beitr. Ent. *8*, 1958, p. 189–212.

– ds. –: Die europäischen Arten der Gattung *Opius* WESM. Teil V a. Mitt. Münch. ent. Ges. *49*, 1959, p. 1–35.

– ds. –: Beschreibung von vier als *Dacus*-Parasiten bekannten *Opius*-Arten. Z. Arbeistgem. öst. Ent. *12*, 1960, p. 89–95.

– ds. –: Die *Opiinae* des Museo Civico di Storia Naturale in Genua. Ann. Mus. Civ. Stor. Nat. Genova *73*, 1962, p. 71–97.

– ds. –: Das Genus *Austroopius* SZÉPLIGETI. Mitt. Zool. Mus. Berlin *39*, 1963, p. 173–186.

– ds. –: Die orientalischen und australischen Arten der Gattung *Opius* WESM. Acta ent. Mus. Nat. Pragae *35*, 1963, p. 197–242.

– ds. –: Neue Zuchtergebnisse von Braconiden. Z. angew. Zool. *50*, 1963, p. 195–214.

FULLAWAY, D. T.: New Genera and Species of *Braconidae*, mostly malayan. J. Straits R. Asiat. Soc. No. *80*, 1919, p. 39–59.

– ds. –: A New Species of Fruit-Fly Parasite from Formosa. Proc. Hawaii ent. Soc. *6*, 1926, p. 283–284.

– ds. –: Description of a New Fruit Fly Parasite from Fiji. Proc. Hawaii ent. Soc. *9*, 1936, p. 179–180.

– ds. –: A New Species of *Opius* from the Philippine Islands. Proc. ent. Soc. Wash. *51*, 1949, p. 114–115.

– ds. –: Fruit Fly Parasites Collected in Queensland by N. L. H. KRAUSS in 1949. Proc. Hawaii ent. Soc. *14*, 1950, p. 65–67.

– ds. –: Review of the Indo-Australian Parasites of the Fruit Flies *(Tephritidae)*. Proc. Hawaii ent. Soc. *14*, 1951, p. 243–250.

– ds. –: New Species and Varieties of *Opius*. Proc. ent. Soc. Wash. *55*, 1953, p. 308–314.

GAHAN, A. B.: A Second Lot of Parasitic *Hymen optera* from the Philippines. Phil. J. Sci. *27*, 1925, p. 83–109.

SILVESTRI, F.: Descrizione di alcuni Imenotteri Braconidi parassiti Ditteri Tripaneidi nell' India. Boll. Lab. Zool. gen. agr. *11*, 1916, p. 160–169.

SZÉPLIGETI, G.: Braconiden aus Neu-Guinea in der Sammlung des Ung. National-Museums. Term. Füzet. *23*, 1900, p. 49–65.

– ds. –: E. JACOBSON'sche Hymenopteren aus Semarang (Java). Leiden Notes *28*, 1905, p. 209–260.

– ds. –: in WYTSMAN, Genera Insectorum, *Hymenoptera, Braconidae*, 1905, *Opiinae* p. 158–167.

VIERECK, H. L.: Descriptions of Six New Genera and Twelfe New Species of Ichneumon-Flies. Proc. U.S. Nat. Mus. *44*, 1913, p. 639–648.

WALKER, F.: Characters of some apparently undescribed Ceylon Insects. (Teil) Ann. Mag. Nat. Hist. (3) *5*, 1860, p. 304–311.